高等职业教育酿酒技术专业系列教材

白酒生产安全与环境保护

主编　刘琨毅　张敬慧

中国轻工业出版社

图书在版编目（CIP）数据

白酒生产安全与环境保护/刘琨毅，张敬慧主编．—北京：中国轻工业出版社，2025.1
高等职业教育酿酒技术专业系列教材
ISBN 978－7－5184－0601－2

Ⅰ.①白…　Ⅱ.①刘…　②张…　Ⅲ.①白酒－酿造—安全生产—生产环境—高等职业教育—教材　Ⅳ.①TS262.3

中国版本图书馆CIP数据核字（2015）第205164号

责任编辑：江　娟　贺　娜　　策划编辑：江　娟　　责任终审：劳国强
整体设计：锋尚设计　　责任校对：吴大朋　　责任监印：张　可

出版发行：中国轻工业出版社（北京鲁谷东街5号，邮编：100040）
印　　刷：北京君升印刷有限公司
经　　销：各地新华书店
版　　次：2025年1月第1版第6次印刷
开　　本：720×1000　1/16　印张：8.75
字　　数：174千字
书　　号：ISBN 978－7－5184－0601－2　定价：22.00元
邮购电话：010-85119873
发行电话：010-85119832　010-85119912
网　　址：http://www.chlip.com.cn
Email：club@chlip.com.cn

250079J2C106ZBW

内容简介

本教材选取白酒生产安全与环境保护两个环节，按照项目－任务化体例进行编写。按照《白酒酿造工》及《环境检测员》国家职业标准应知应会的要求，选取了4个项目共12个工作任务，每个工作任务体现了典型性、可操作性、可迁移性、可检测性原则。每个工作任务按照知识＋操作模式编写，便于理论实际一体化教学。

本教材集理论知识、技能训练、职业素养培养与提升为一体，内容力求理论与技术相结合，理论与实际相结合，突出技能培养。全书穿插来自白酒生产企业的生产实例与图片，保证内容的针对性和职业性。

本教材适合高职院校生物技术及应用专业、酿酒技术专业学生使用，也可作为中高级酿酒工及环境检测员培训用书，还可作为企业培训教材和白酒安全生产管理人员的参考资料。

高等职业教育酿酒技术专业（白酒类）系列教材

编委会

本书编委会

主　编

刘琨毅（宜宾职业技术学院）
张敬慧（宜宾职业技术学院）

副主编

王　琪（宜宾职业技术学院）
先元华（宜宾职业技术学院）
吴冬梅（泸州职业技术学院）

编　者（按姓氏笔画排序）

兰小艳（宜宾职业技术学院）
刘　艳（宜宾职业技术学院）
杨维达（宜宾职业技术学院）
周书来（乐山职业技术学院）
郭云霞（宜宾职业技术学院）
唐思均（宜宾职业技术学院）
梁宗余（宜宾职业技术学院）
辜义洪（宜宾职业技术学院）

主　审

郑　佳（五粮液集团有限公司技术中心）

前言

“废气”“废水”“固体废弃物”的处理和再利用，在经济发展和建立循环经济模式中有重要的作用。

本教材是学习和掌握白酒生产安全与环境保护知识的实用教材，反映了我国白酒酒厂安全生产及“废水”“废气”“固体废弃物”三方面的技术处理与循环经济状况。

全书共分为四个项目，分别为：白酒生产安全、大气污染的防治、水污染的防治及固体废弃物污染的防治。教材内容力求理论与技术相结合，理论与实际相结合，注重技能培养，具有较强的可读性。

本教材由宜宾职业技术学院刘琨毅与张敬慧主编。其中，项目一白酒生产安全由宜宾职业技术学院王琪与泸州职业技术学院吴冬梅负责编写；项目二大气污染的防治由宜宾职业技术学院先元华与乐山职业技术学院周书来负责编写；项目三水污染的防治由宜宾职业技术学院刘琨毅负责编写；项目四固体废弃物污染的防治由宜宾职业技术学院张敬慧、梁宗余、辜义洪、刘艳、郭云霞、兰小艳负责编写。刘琨毅和张敬慧负责全书的统稿工作。全书图片由宜宾职业技术学院唐思均和杨维达负责收集和整理，全书由宜宾市五粮液集团有限公司技术中心郑佳完成审定。在此一并表示感谢！

本书适合高等职业院校生物技术及应用专业、酿酒技术专业学生使用，也可作为中高级酿酒工及环境检测员培训用书，还可作为企业培训教材和白酒安全生产管理人员的参考资料。

由于编者水平和编写时间所限，本书尚存在许多不足，欢迎广大读者批评指正。

编者

2015 年 7 月

目　录

项目一　白酒生产安全

任务一　白酒制曲车间生产安全 …………………………………… 1
任务二　白酒酿造车间生产安全 …………………………………… 3
任务三　白酒其他车间生产安全 …………………………………… 5

项目二　大气污染的防治

任务一　全球性环境问题 …………………………………………… 12
任务二　大气污染及主要污染物的识别 …………………………… 21
任务三　大气污染的综合防治 ……………………………………… 26
任务四　酒厂废气的脱硫净化 ……………………………………… 37

项目三　水污染的防治

任务一　水污染及主要污染物的识别 ……………………………… 45
任务二　水污染的综合防治 ………………………………………… 54
任务三　酒厂废水的处理与再生利用 ……………………………… 66

项目四　固体废弃物污染的防治

任务一　固体废弃物污染及主要污染物的识别 …………………… 72
任务二　固体废弃物污染的综合防治 ……………………………… 77

任务三　酒糟的综合利用 …………………………………………………… 80

附录　白酒企业安全生产标准化评定标准 ……………………………………… 87
参考文献 ………………………………………………………………………… 125

项目一　白酒生产安全

任务实施

任务一　白酒制曲车间生产安全

一、白酒制曲车间生产现状

白酒酒曲（主要针对大曲）是以小麦、大麦为原料，有的配用豌豆等豆类原料，经粉碎加水压制成砖块状的曲坯，人为控制在一定的温、湿度下培养而成的。该酒曲是在制曲车间制造而成，制曲原料的粉碎及成曲的粉碎均在紧邻制曲的车间进行。从原料粉碎及得到最终的成品粉碎酒曲的生产过程，应用到粉碎机、制曲机等机械设备。在该过程中面临的主要安全问题有粉尘、机械设备使用、电的使用、消防等安全问题。

二、白酒制曲车间生产工作要点与对策

1. 建立完善的安全规章制度

完善的安全规章制度是安全生产的基础保障，因此如何制定安全规章制度将直接影响到安全工作的实施。公司应成立安全小组，由公司重要负责人担任安全小组长，在各部门选人作为组员，根据公司的实际情况来制定相关的规章制度，并注意将责任区域划分，将各责任区落实到个人，并建立健全安全问责制度。

2. 消除人为因素对安全的负面影响

安全工作是靠人去完成，许多的安全事故主要是缘于人为因素。人为因素包括人的素质、意识、习惯、思想等多个方面。人的疏忽、不重视、心存侥幸或是违规操作等都易引发安全事故，因此消除人的不安全行为是预防安全事故

的首要条件。主要措施包括：

（1）注重人的素质培养　素质培养是多种多样的，首先是个人的技能培训，熟练的技能是安全操作的基础；其次是安全理论、安全知识的培训，定期进行安全理论、知识的培训，使人的思想上树立了安全的概念，有了安全的常识；然后是安全法规的学习，做到有法可依、有法必依，让人们懂得《安全生产法》是具法律效力的，不安全生产是违法行为，要受法律制裁的；最后是宣传工作，在工作现场环境里张贴安全宣传标语、警句，对人有提醒和随时警示的作用，利用墙报、广播、厂报等宣传途径进行安全知识的传播与教育。

（2）增强人的安全意识　增强安全意识是预防安全事故的关键，因为一个人的行为决定于他的思想意识，只有具备了较强的安全意识，才能真正认识到安全的重要性，就不会违规操作了。想要提高安全意识，首先思想上要重视，就要有危机意识，危机意识有助于人们预知安全事故的严重后果，认识到事故不仅造成企业的经济损失，也影响到个人的切身利益，甚至危及到人的生命安全，从而提高警惕，有效避免不安全行为、消除安全隐患。

（3）思想要重视　思想上要有危机意识，应该时刻都要注意安全问题，不能只是应付上级的检查而做安全工作。应转变旧观念，转被动为主动地注意安全问题，一经发现问题，马上解决。

（4）培养良好的安全习惯　有很多安全事故就是缘于人的一些习惯性的违章行为，要改掉不规范的操作行为，培养安全的操作习惯，是预防安全事故的有效办法。

（5）变被动为主动　安全生产不仅对企业具有重大意义，其实对每个职工的切身利益和人身安全同样具有重要意义。因此要意识到这一点，就能从以前的被动事后处理变为主动事前预防，转变旧观念，将要我安全转化为我要安全，自觉主动地遵守安全操作规程。

3. 机械粉碎造成的粉尘危害及防护措施

在原料加工、机械粉碎过程中，会产生较长时间悬浮于空气中的固体颗粒（粉尘），操作者如长期吸入就会使肺组织发生纤维性病变、硬化导致尘肺，这是一种严重的职业病，严重影响职工健康及生命，极大地破坏生产力。另外，淀粉粉尘在一定浓度下，在外界高温、摩擦、振动、碰撞及放电火花作用下，还会引起爆炸。因此，在原料加工破碎过程中，粉尘应作为一大危害引起重视。应采取以下防护措施：

（1）改革工艺　通过改革工艺操作方法，使原料加工破碎实现机械化和自动化，消除尘源以减少粉尘飞扬。

（2）湿式操作　在生产工艺允许的条件下，在车间内适当喷雾洒水，增大作业场所空气湿度，也可以有效降低粉尘飞扬。

（3）密闭尘源 在生产工艺不允许采用湿式作业时，需对尘源采取密闭措施，防止粉尘飞逸，使操作者与粉尘脱离接触。

（4）通风除尘 采用与密闭措施相适应的局部通风除尘设备，集中收集尘杂，单独处理。

（5）操作者加强个人防护 操作者应采用适当的劳动保护用品（如口罩），尽可能减少职业性危害。

（6）为防止静电火花引起的爆炸，要限制和减少粉尘输送速度，增加湿度，输送管道要平滑，减少积尘，并定期清理积尘箱（袋）。

（7）粉碎设备检修时严控动火，清理粉尘，防止粉尘爆炸事故的发生。

（8）定期检查粉尘浓度，对操作者进行定期体检，防止职业病的发生，保护操作者的身体健康。

4. 白酒制曲过程中的消防管理

白酒制曲过程中，原材料、辅助材料、包装材料均是易燃易爆物品。同时，各材料数量大，危险性高，因此消防管理难度大，是消防安全工作的重点和难点。应采取以下防护措施：

（1）有条件的要设定专职的消防机构，配备必要的专职消防人员和消防设施。

（2）重大消防重点部位（如白酒库及原辅材料库）要重点做好消防工作，特别是库房的周围要道路畅通，不得堆放其他物品或停放车辆。否则出现火情时，消防人员及消防车辆无法靠近火灾现场，贻误救援时机。

（3）出现火情时要立即切断电源，关闭一切汽管、酒管和油管，再视火情采取不同的灭火措施。坚持先控制后灭火的原则，将火情控制在一定范围内进行灭火。对于较大或较严重的火情，要立即向当地消防部门报警，请求灭火。

任务二 白酒酿造车间生产安全

一、白酒酿造车间生产安全现状

白酒是以高粱等为原料经过粉碎、拌料、蒸煮、窖池发酵、蒸馏、贮存、勾兑等多道工序而成，其生产需经过许多物理化学变化及复杂的生物化学变化。既有复杂的工艺设备、机械装置、蒸汽动力装置和电气设施，又有许多危害人体健康的粉尘等，甚至有些工序是易燃易爆的，发酵过程中产生大量有腐蚀性的水汽等，会不同程度地损害工人安全及健康，损害国家财产安全。尤其是随着现代科技的发展，各白酒公司的生产规模逐渐扩大，机械化、现代化程度也在不断提高，安全生产工作已经日益成为白酒生产管理中的重中之重。

白酒酿造生产过程中，常常存在粉尘危害、机械设备安全事故、电器设备故障、发酵过程中产生有害气体、火灾等各种不安全的因素。

二、酿造生产车间安全工作要点与对策

安全生产是确保生产顺利进行的首要条件，直接关系到是否能完成生产经营任务，也是人身安全和企业利益的重要保障，没有了安全，企业便无法生存，安全生产直接关系到企业的生死存亡。

所以，应把安全工作放在最重要的位置来抓。但酿造生产车间的危险源众多，稍有不慎就会酿成悲剧，特别是"存有"粉尘、蒸汽、高温、酸等较多重大危险源的基酒车间，更是危机重重，所以搞好车间的安全工作是一项多方面的、长远的、具有重要意义的工作。下面简述对酿造车间安全工作的认识和对策：

1. 建立完善的安全规章制度

完善的安全规章制度是安全生产的基础保障，因此如何制定安全规章制度将直接影响到安全工作的实施。公司应成立安全小组，由公司重要负责人担任安全小组长，在各部门选人作为组员，根据公司的实际情况来制定相关的规章制度，并注意将责任区域划分，将各责任区落实到个人，并建立健全安全问责制度。

2. 消除人为因素对安全的负面影响

安全工作是靠人去完成，许多的安全事故主要是缘于人为因素。人为因素包括人的素质、意识、习惯、思想等多个方面。人的疏忽、不重视、心存侥幸或是违规操作等都易引发安全事故，因此消除人的不安全行为是预防安全事故的首要条件。

3. 注意改善电器设施及采取的防护措施

白酒生产制造过程中，要接触到大量水汽及其他腐蚀性物质，作业环境潮湿，电器设备及电源线等容易出现老化破裂现象，常常造成电气伤害、伤亡及起火爆炸事故，应采取以下防护措施：

应加强对生产过程中电气设备的接地、接零保护，并进行定期检查，确保接地良好。从安全技术上减少和杜绝伤害、伤亡事故的发生。

加强对坑、台、高空作业岗位人员的管理工作，严格按照有坑必有盖，有台必有栏的原则，完善坑、台等的安全防护，对高空作业（2m 及 2m 以上）岗位要设置安全防护栏，以防止高空作业时人、物坠落造成的伤害及伤亡事故。

所用的电器设施（电器设备及电线），其绝缘性要绝对可靠，电气设备及作业场所要保持干燥，要通风良好。禁火区所用的电气设备要采取防爆措施，电气线路要外穿铁管或铠装电缆，架设要牢固、整齐，不随意拖拉。车间照明良好，工作行灯要采用安全电压。

加强动火审批制度，严禁在烟火禁区内动火施工等，确因工作需要动火的，要严格执行审批制度，并加强动火点监护，采取必要的防护措施，防止火灾和爆炸事故的发生。

起重设备和行车要严格遵守操作规程，操作人员要经过培训，持证上岗，并定期检查和复训，确保设备正常运行。

任务三　白酒其他车间生产安全

一、库房的生产安全

1. 原料库的生产安全

粮库（仓）应清凉通风、干燥洁净，并有防虫、防鼠、防雀设施，配备温度、湿度测定装置，备有消防设施设备。粮库地面要铺设防潮层。

使用筒仓储存原料时，筒仓容积不宜过大，应按筒仓的容量设计其牢固度；筒仓通常只容装其体积的2/3仓料，应留有适当的空间空位；仓内空气应可顺利排出，避免仓内形成过大正压。

原料存放于室外场地时，场地应高于地面且保持干燥，还应配备防雨、防霉变设施及消防器材等。

熏蒸后的粮食应取样化验药剂残留量，确认药剂残留量符合卫生标准的要求后方可出仓。

人员从仓顶进仓作业时，应备有扶梯、站人护栏、软梯、安全带、吊篮等安全防护设施；应先打开仓顶通风，启动风机排风，确认仓内不处于缺氧状态和熏蒸后药剂残留量已达到安全要求后，人员方可进仓。进仓作业应保证两人以上，仓外应有人监护，进仓作业人员应系好安全带。仓内作业使用的灯具应属粉尘防爆型，电压应采用安全电压。

2. 辅料库的生产安全

辅料库可建成简易棚库结构，但应坚固耐用，采取防风、防潮措施，配备消防设施。在不通水源的情况下，应配置蓄水装置及提水工具。

禁止机动车进入棚库内。靠近库房的机动车的发火部位，应安装消防灭火装置，并采取安全防范措施。

辅料运输宜采用袋装形式，如须散装运输时应加装防抛撒设施。

物料运输终结后，应随即清扫现场，并将散落料规整运走或放入库内。

棚库进出口宜用挡板阻隔，防止库内物料溢出库外和外部火种进入库中。

二、原料粉碎车间的生产安全

操作人员必须掌握有关工艺、设备的技术情况。开车前仔细检查各设备、管道及风网系统。传动设备要求试空运转。风网系统要求不漏风。车间内打扫干净，设备内不留杂物，待一切正常后即可开车。进入车间不许吸烟，不准带入火种及易燃易爆品，车间必须有足够的灭火器材。操作人员要经常检查灭火器材的完好性，及时更换失效的灭火器。

操作人员应注意：

（1）开机前必须检查运转部位，保证不能有卡、碰现象。

（2）检查机内有无异物，将机内异物清除干净。

（3）检查润滑情况和密封情况是否良好。

（4）检查传动带及链条，做到松紧适宜，无皮带拍击声。

（5）检查各联接部位的螺栓、螺母有无松动现象。

（6）设备进行事故处理时，必须要断电，并挂牌有专人监护，防止因误启动而伤人。

（7）保持设备清洁，无积灰，无死角。

三、白酒包装车间的生产安全

包装是生产成品白酒的最后一道工序，该工序是在白酒包装车间完成的。

包装车间的建立地点应远离锅炉房和原材料粉碎、制曲、贮曲等粉尘较多的场所，应有防尘、防虫、防蚊蝇、防鼠、防火等措施。灌装车间宜与洗瓶间、外包装车间分开。包装车间应使用防爆开关和灯具，并在开关和灯具上装有安全防护罩。包装车间应根据工艺技术要求，配备温度计、湿度计、糖度计、酒度计等。所有接触或可能接触白酒的设备、管道、工器具和容器等，应用无铅、无毒、无异味、耐腐蚀、易清洗、不与白酒起化学反应、不含危害人体身体健康化学物质（如塑化剂）的材料制作。为了进一步改善包装车间生产安全，方法如下：

1. 从做好包装管理问题分析入手，形成正确的决策

该企业包装管理创新的关键就在于准确把握问题的根本，并对改进包装管理进行有效的决策。尤其值得注意的是把包装管理问题放在企业整个管理体系中进行思考和分析，抓住了问题的实质，最终顺利解决包装管理的问题。

2. 系统地推进企业包装管理改革和发展

不仅要系统地分析企业包装问题，而且采取系统的方法，有计划有步骤地解决企业包装管理的问题。从组织和制度上落实和加强企业包装管理的战略思想，从包装设计和包装管理流程上确定管理的标准和要求，从具体操作上实施

分类管理，降低包装管理成本，形成有利于促进销售的包装序列。

3. 应用科学技术提高企业包装管理绩效

企业应注重在包装管理中积极引入现代科学技术，从包装材质、包装设备、包装管理方法等方面进行科学改进，有效提高企业包装管理绩效。

4. 降低成本和增加新价值是企业强化包装管理的基本动力

企业通过加强和改善包装管理实现价值增值，完全符合现代企业提高增值能力和增值水平的发展趋势。该企业价值增值的过程，就包括不断改进包装管理的过程。充分认识包装在现代营销中的价值，是做好企业包装管理的思想基础之一。

5. 白酒企业包装管理是一个系统化的工作

企业必须形成完整的包装管理体系，从组织、制度、方法以及技术等方面组成有效的运行机制，才能实现协调运作和统一管理。

6. 根据现代科学技术发展和企业包装需要，进行包装管理的改革

企业包装不能脱离市场需要，不能脱离企业经营需要。就目前来说，应把生态环保、可持续发展、分类管理等观念引入包装管理系统，充分发挥高新技术作用，推进企业包装管理发展。

四、酒库和露天贮酒罐区的生产安全

1. 酒库的生产安全

酒库有平房酒库、楼层酒库、人防工程、天然溶洞及地下酒库等形式，成品库的容量宜与生产能力相适应。酒库应有防火防爆等措施，加装防火隔断，有安全出入口。库内宜阴凉、干燥、通风。

单层库房宜采用混凝土框、排架结构，也可用夹层钢结构填充隔热材料的建筑，不应采用砖木结构。混凝土预应力的构件应做耐火处理，库房外墙、屋面应有隔热措施，用于结构的构件应喷涂耐火材料，耐火等级应满足 GB 50694—2011《酒厂设计防火规范》的要求。

库房内贮酒容器的排布宜留有 2m 以上的人行通道，并按照国家标准、行业标准配置消防设施、器材，设置消防安全标志，定期组织检验、维修，确保完好有效。库内不应存放其他与库存无关的物品，不应存放易燃易爆或者可能对库存物造成污染或毒害作用的其他物料。

楼层酒库窗户的设置宜使上下窗户之间有较大的距离，并在窗口上方设置遮阳檐板。窗户面积宜大于 $1m^2$，窗口宜呈较窄的长方形，其材质应为不可燃烧的材料。

楼层酒库的楼板不能开设孔洞，承重柱面大小和梁、板保护层的厚度应满足 GB 50010—2010 的要求。

每层防火区内应设置排酒口，库外设有垂直的排酒道，应设外廊式走道并设两道疏散楼梯。采用混凝土管道连接排酒口与排酒管道，并应满足防火要求。楼层酒库的层高、建筑耐火等级及建筑面积应满足 GB 50694—2011《酒厂设计防火规范》的要求。

楼层酒库内的消防给水设施给水能力应不小于 20L/s。每层楼应设三个消防栓，并配备开花喷雾水枪，设两台水泵接合器，室内供水管网应呈环状。因生产生活用水而不能保证顶层酒库的消防栓具有 10m 水柱和 7L/s 的水流量时，应增设消防水泵及房顶水箱。超过三层的楼层酒库，应设置自动喷雾灭火系统，在每层的消防分区设一个火灾自动报警器，在每栋楼层酒库设置集中报警器，在每个防火区内设置可燃气体探测器及紫外线探测器。

地下酒库的安全出口应不少于三个，天然溶洞的安全出口应不少于两个。面积超过 $400m^2$ 的地下酒库，应用防腐的甲级防火门进行防火分区的分隔，每个防火分区的面积不宜大于 $400m^2$，每个防火分区应设置排酒口并配置阀门。防火门上应安装具有库内自动释放和库外控制释放功能的自动释放开关。地下酒库的防火门，无火警时宜开启，发生火警时应能迅速关闭。

天然溶洞库内应设置室内消防栓水源设施，设置自动喷淋灭火系统。库内灭火系统及水管等应采取防腐措施。在洞的进出口两端设水泵房，洞内供水管网形成环状；在同一防火分区内设置可燃性气体报警探测器、紫外线探测器，并设分区报警器，库外设有消防控制室。

每个防火区应设置防止酒液流散的拦截堤。库内应设有排酒用的暗沟道，在距离酒库一定距离处的地面上设置一个储存流散酒的事故储酒池。当库内酒坛破裂有酒流出时，应能及时将流散酒通过排酒道排到库外。

电气开关箱设于库外。使用人防工程、天然溶洞及地下酒库贮酒时，应尽量将用电设备安置在地面上。对库内设施设备的维修应移至库外进行。库内作业时，应使用铜质工具。

库房内不宜设办公室、休息室，需要时宜独立布置。库房内一般不宜安装采暖设施。

库房、车间和贮酒罐区的布置应满足 GB 50016—2014《建筑设计防火规范》的规定。

2. 露天贮酒罐区的生产安全

进入罐体内部作业时，应佩戴隔离式氧气呼吸器，并派人监护。监护人员不应擅离职守，并保持与罐内操作人员的联系。所用照明器具应为防爆型，配用电源电压应为安全电压；库房进出口应加装防溢流设施，以防库内溢酒流出库外。

露天金属容器酒罐区的贮酒罐宜采用不锈钢材料制作，避免铝罐储酒使铝融入酒中及钢罐所涂防腐材料融入酒中对人体造成危害；酒罐的输酒管道应使用不锈钢管道；管路应用法兰连接；储酒罐顶部应设置排气孔；储酒罐上应安装液位显示装置。

应在露天金属容器酒罐区四周砌筑围墙、围堰，并采取防溢流措施。围堰的容积应可满足容纳罐区内储酒总容量的要求，设置与库楼设施相同的排酒装置。酒罐顶部宜架设喷淋装置，在环境温度过高时进行降温。贮罐应有良好的接地装置。贮罐区应采用防雷措施，对避雷装置每年至少进行一次绝缘检测。

罐区内的设施设备需要动用明火维修时，宜移出区外进行。必须在区内维修时，应采取防火措施，办理明火动用审批手续后，方可开始动火作业。动火作业结束后，应彻底清理现场，消除安全隐患。

罐区内不应接打电话。应加强对罐区的巡查，发现问题及时处理。

思考与练习

1. 写出酿造生产车间安全工作要点与对策的主要内容。
2. 写出标准化体系建立的主要内容。
3. 写出酒库生产安全的注意事项。

拓展阅读

某酒厂安全生产管理制度

1. 计划依据

(1) 根据《劳动保护法》和主管部门有关劳动保护制度及标准，制定本厂安全生产制度。

(2) 根据影响安全生产的重大隐患制定有关防范措施。

(3) 做好预防火灾、爆炸、工伤等的发生，职业病要采取的安全技术措施。

(4) 完善生产所采取的安全技术措施，以及采纳职工提出的有利于安全生产的合理化建议。

2. 计划编制

(1) 各车间或各职能部门提出年度安全技术措施、方案，并报生产技术科。

(2) 生产技术科编制工厂年度安全技术措施方案，并报厂长办公室审批。

(3) 主管安全生产厂长定期召开有关部门及车间负责人参加的专项会议，研究确定年度安全技术措施方案执行措施。

（4）经审核批准的安全技术措施方案，由生产设备科负责贯彻执行。

3. 资金来源

（1）生产设备的改造或大修（不增加固定资产），由大修修理费开支。

（2）不增加固定资产的安全技术措施，由生产维修费开支。

（3）每年从当年留用的设备折旧资金中，提取10%用于安全技术措施不足。

4. 物资供应

（1）安全技术措施项目所需设备、材料，由经营供应科采购。

（2）小型设备、易损设备备用配件，由生产技术科负责采购。

5. 检查和报告

（1）主管厂长定期（每季度）组织有关部门负责人对安全技术措施方案、执行情况进行检查，并由主管厂长做出总结。

（2）生产设备科要定期检查，并向主管厂长汇报安全技术措施执行情况，重大项目，向厂长办公会议汇报。

6. 设备安装验收

（1）新设备安装试车后，经试运行三个月正常后，在主管厂长领导下，由生产设备科和车间或部门按要求组织验收，必要时邀请同行业技术人员和有关部门参加验收。

（2）使用车间对设备安全运行情况、安全技术和指标需改进的情况，安全技术科用书面形式报告主管厂长。

（3）生产安全技术措施项目经验收合格使用正常后，纳入正常管理。

7. 安全检查

（1）任务与要求

①发现和查明各种安全隐患，督促整改。

②监督各项安全规章制度的实施。

③制止违章调度，严禁违章操作。

④厂区防盗、防火和重点部位重点防范工作。

（2）安全检查时间

①全厂性的安全综合大检查（包括节假日前的检查）。

②季节性检查。

③日常安全和保卫工作检查。

（3）安全检查人员

①主管生产技术的厂长。

②厂办公室负责人。

③生产科负责人。

④经营供应科负责人。

⑤车间负责人、各机（组）长。

（4）检查的内容

①安全检查必须有明确的目的、要求及具体计划　在安全检查过程中，要边检查，边整改，检查工作结束，及时总结奖评，将检查材料汇总后，报厂办公室进行考核。

②综合检查（每月一次）　主要是查思想、查纪律、查制度、查隐患。

③专业检查（半年一次）　主要是电气装置、机械设备、厂房建筑、防爆、防尘、防火和厂区防盗工作等。

④季节检查，主要是有针对性的检查，防火、防雨、防洪、防雷电、防暑降温、防风、防冻保温和厂区防盗工作等。

⑤日常检查主要是分岗位，车间管理人员和工人自查。

⑥生产一线职工上岗应认真履行岗位安全生产责任制，交接班进行检查和班中自查。

⑦各级检查人员对查出的隐患都要逐项分析研究，并提出整改措施。

⑧对安全生产隐患，要做到“三定”（定项目、定时间、定人员）“四不准”（凡个人能整改的不推给班组，凡班组能整改的不推给车间，凡车间能整改的不推给厂部，凡厂部能整改的不推给上级主管部门）限期整改。

⑨各级检查组织人员对检查出的安全隐患，要把整改情况报告生产技术科，对重大隐患及整改情况，及时向主管厂长汇报。

项目二　大气污染的防治

任务实施

任务一　全球性环境问题

一、环境的概念

与人类健康关系密切的环境包括自然环境与社会环境。

1. 社会环境

社会环境是指人类在自然环境的基础上，为不断提高物质和精神生活水平，通过长期有计划、有目的的发展，逐步创造和建立起来的人工环境，如城市、农村、工矿区等。

社会环境的发展和演替，受经济规律、自然规律以及社会规律的支配和制约，其质量是人类物质文明建设和精神文明建设的标志之一。

2. 自然环境

自然环境是指环绕于人类周围的自然界。它包括大气、水、土壤、生物和各种矿物资源等。

自然环境是人类赖以生存和发展的物质基础。在自然地理学上，通常把这些构成自然环境总体的因素，分别划分为大气圈、水圈、生物圈、土圈和岩石圈五个自然圈。

二、酸雨

酸雨是指 pH 小于 5.6 的雨雪或其他形式的降水。雨、雪等在形成和降落过程中，吸收并溶解了空气中的 SO_2、NO_x等物质，形成了 pH 小于 5.6 的酸性降水。

酸雨主要是人为地向大气中排放大量酸性物质所造成的。

1. 酸雨的分布

据统计，全球每年排放进大气的 SO_2 约 1 亿 t，NO_2 约 5000 万 t，所以，酸雨主要是人类生产活动和生活造成的。目前，全球已形成三大酸雨区，即北美酸雨区、西欧酸雨区、中国西南四川盆地酸雨区。近年来，我国的酸雨已覆盖四川、贵州、广东、广西、湖南、湖北、江西、浙江、江苏和青岛等省市部分地区，面积达 200 多万平方千米，酸雨区面积扩大之快、降水酸化率之高，在世界上是罕见的。

中国是个燃煤大国，煤炭占能源消费总量的 75%。1980 年全国煤炭消耗量还不过 6 亿 t，但随着经济建设的发展，到 1995 年已达 12.8 亿 t，15 年间增加了一倍还多。随着耗煤量的增加，SO_2 的排放量也不断增长。中国的酸雨主要因大量燃烧含硫量高的煤而形成的，多为硫酸雨，少为硝酸雨，此外，各种机动车排放的尾气也是形成酸雨的重要原因。

我国一些地区已经成为酸雨多发区。我国三大酸雨区分别为：

（1）华中酸雨区　目前它已成为全国酸雨污染范围最大，中心强度最高的酸雨污染区。

（2）西南酸雨区　是仅次于华中酸雨区的降水污染严重区域。

（3）华东沿海酸雨区　它的污染强度低于华中、西南酸雨区。

2. 酸雨的形成

酸雨是工业高度发展而出现的副产物，由于人类大量使用煤、石油、天然气等化石燃料，燃烧后产生的硫氧化物或氮氧化物，在大气中经过复杂的化学反应，形成硫酸或硝酸气溶胶，降到地面成为酸雨。如果形成酸性物质时没有云雨，则酸性物质会以重力沉降等形式逐渐降落在地面上，称为干性沉降，如果形成酸性物质时有云，则落到地面上的酸雨形式称为湿性沉降。干性沉降物在地面遇水时复合成酸，酸云和酸雾中的酸性由于没有得到直径大得多的雨滴的稀释，因此它们的酸性要比酸雨强得多。高山区由于经常有云雾缭绕，因此酸雨区高山上森林受害最重，常成片死亡。

酸雨的形成过程见图 2－1。

酸雨形成的化学反应过程如下：

（1）酸雨多成于化石燃料的燃烧

含有硫的煤燃烧生成二氧化硫。

$$S + O_2 \longrightarrow SO_2$$

二氧化硫和水作用生成亚硫酸。

$$SO_2 + H_2O \rightleftharpoons H_2SO_3$$

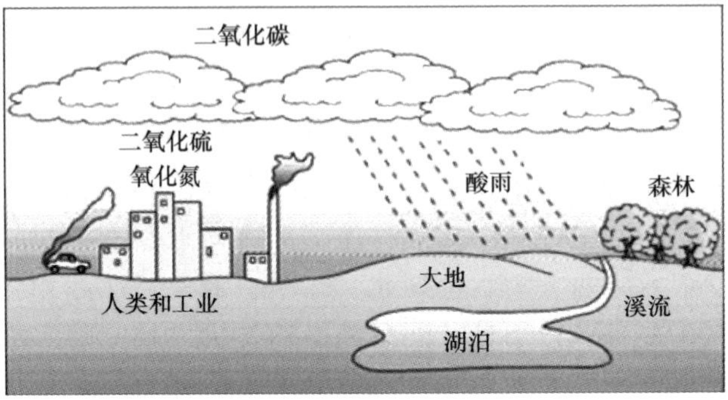

图2-1 酸雨的形成过程

亚硫酸在空气中可氧化成硫酸。

$$2H_2SO_3 + O_2 \longrightarrow 2H_2SO_4$$

（2）氮氧化物溶于水形成酸　雷雨闪电时，大气中常有少量的二氧化氮产生。

闪电时氮气与氧气化合生成一氧化氮。

$$N_2 + O_2 \rightleftharpoons 2NO$$

一氧化氮结构上不稳定，空气中氧化成 NO_2。

$$2NO + O_2 \rightleftharpoons 2NO_2$$

二氧化氮和水作用生成硝酸。

$$3NO_2 + H_2O \rightleftharpoons 2HNO_3 + NO$$

（3）酸雨与大理石反应

$$CaCO_3 + H_2SO_4 \rightleftharpoons CaSO_4 + H_2O + CO_2\uparrow$$

$$CaSO_3 + SO_2 + H_2O \rightleftharpoons Ca(HSO_3)_2$$

（4）此外还有其他酸性气体溶于水导致酸雨，例如氟化氢、氟气、氯气、硫化氢等其他酸性气体。

3. 酸雨的危害

酸雨会对环境带来广泛的危害，造成巨大的经济损失。危害的方面主要有：

（1）腐蚀建筑物和工业设备　酸雨容易腐蚀水泥、大理石，并能使铁金属表面生锈，因此，建筑物容易受损，公园中的雕刻以及许多古代遗迹也容易受腐蚀。

（2）破坏露天的文物古迹　文物古迹多数都是石刻，主要成分是碳酸盐，酸雨会与碳酸盐发生化学反应，会导致露天的文物古迹破坏。世界上许多古建筑和石雕艺术品遭酸雨腐蚀而严重损坏，如我国的乐山大佛。

（3）损坏植物叶面，导致森林死亡　下酸雨时，树叶会受到严重侵蚀，树木的生存受到严重危害。土壤中的营养成分被酸溶解后会流失掉，这也构成了对树木的危害。在加拿大和欧洲，有15%～60%的森林受到不同程度的酸雨侵蚀而大面积枯萎。若如此下去，在不久的将来，森林就将全部消失。

（4）使湖泊中鱼虾死亡　酸雨进入水域后，改变了水体的pH，导体水体酸碱性发生改变，因而湖泊中的鱼虾难以生存，严重会导致死亡。

（5）破坏土壤成分，使农作物减产甚至死亡　在土壤中生长着许许多多的细菌生物，这些生物对植物的生长有着极为重要的作用。例如，在黑土里生长着种类与世界人口一样多的细菌。若土壤被酸雨侵蚀，除一少部分外，土壤里面的大多数细菌都将无法存活。因此土壤由于受到酸性侵蚀，会引起农作物减产甚至死亡。

（6）饮用酸化造成的地下水，对人体有害　眼角膜和呼吸道黏膜对酸类十分敏感，酸雨或酸雾对这些器官有明显刺激作用，导致红眼病和支气管炎，咳嗽不止，甚至可能诱发肺病，这是酸雨对人体健康的直接影响。

三、温室效应

温室效应是大气保温效应的俗称。大气能使太阳短波辐射到达地面，但地表向外放出的长波热辐射线却被大气吸收，这样就使地表与低层大气温度增高，因其作用类似于栽培农作物的温室，故名温室效应。

1. 产生原因

自工业革命以来，人类向大气中排入的CO_2等吸热性强的温室气体逐年增加，大气的温室效应也随之增强，已引起全球气候变暖等一系列严重问题，引起了全世界各国的关注。

CO_2是数量最多的温室气体，约占大气总容量的0.03%，除此之外，能引起温室效应的气体还有甲烷、臭氧、氯氟烃以及水汽等。随着人口的急剧增加，工业的迅速发展，排入大气中的CO_2相应增多；又由于森林被大量砍伐，大气中应被森林吸收的二氧化碳没有被吸收，由于二氧化碳逐渐增加，温室效应也不断增强。温室效应产生过程见图2-2。

2. 温室效应的危害

（1）全球变暖　温室气体浓度的增加会减少红外线辐射放射到太空外，地球的气候因此需要转变来使吸取和释放辐射的分量达至新的平衡。这转变可包括“全球性”的地球表面及大气低层变暖，因为这样可以将过剩的辐射排放。

（2）地球上的病虫害增加　温室效应可使史前致命病毒威胁人类，美国科学家近日发出警告，由于全球气温上升令北极冰层溶化，被冰封十几万年的史前致命病毒可能会重见天日，导致全球陷入疫症恐慌，人类生命受到严重

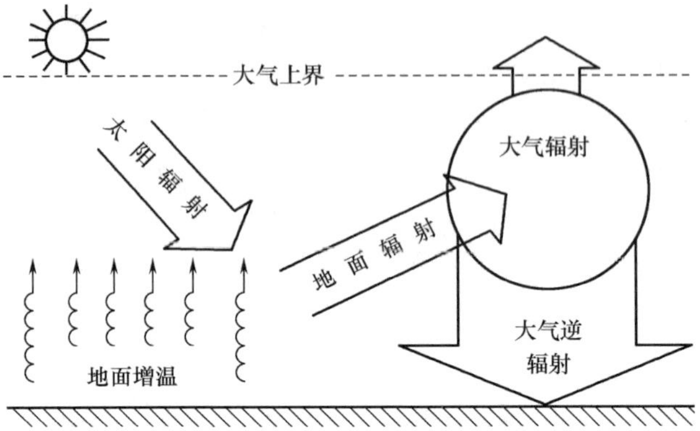

图 2-2　温室效应形成的过程

威胁。

(3) 海平面上升　假若“全球变暖”正在发生，有两种过程会导致海平面升高。第一种是海水受热膨胀令水平面上升。第二种是冰川和格陵兰岛及南极洲上的冰块溶解使海洋水分增加。预期由 1900 年至 2100 年地球的平均海平面上升幅度在 0.09 ~ 0.88m。全球暖化，南极大小岛即将没顶。全球暖化使南北极的冰层迅速融化，海平面上升对岛屿国家和沿海低洼地区带来的灾害是显而易见的，突出的是淹没土地，侵蚀海岸。

(4) 气候反常　气候反常，极端天气多是因为全球性温室效应，即二氧化碳这种温室气体浓度增加，使热量不能发散到外太空，使地球变成一个保温瓶，而且还是不断加温的保温瓶。全球温度升高，使得南北极冰川大量融化，海平面上升，导致海啸、台风，夏天非常热、冬天非常冷的反常气候，极端天气多。

(5) 对人类健康的影响　人类健康取决于良好的生态环境，全球变暖将成为下个世纪影响人类健康的一个主要因素。主要体现为发病率和死亡率增加，尤其是疟疾、淋巴腺丝虫病、血吸虫病、钩虫病、霍乱、脑膜炎、黑热病、登革热等传染病将危及热带地区和国家，某些目前主要发生在热带地区的疾病可能随着气候变暖向中纬度地区传播。

(6) 缺氧　温室气体的摩尔质量大于氧气。世界各国把地球内部所有的能量都开采出来使用，地球上最终的环境状态跟地球 10 亿年之前的情况差不多，到时候不光是野生动物呼吸不到氧气，甚至连人类也是无法生存的。

四、森林的减少与土地荒漠化

1. 森林的减少

全球遥感调查结果显示，2010 年世界森林总面积为 28.0 亿 hm^2，占全球陆地面积的30%。新的调查结果表明，在2000—2010年期间，世界毁林速度为年均1450万hm^2，主要原因是将热带森林转为农业用地，这一结果与先前的估计一致。另一方面，调查显示，在2000—2010年期间，全球范围的森林面积净损失不像先前认为的那样大，原因是因为新增森林面积高于原先的估计。

根据调查，净损失，即森林覆盖损失面积减去植树造林或自然扩展面积，总计为7290万hm^2，比先前估计的1.074亿hm^2少32%。换句话说，在这10年中，地球平均每年失去490万hm^2森林，或每分钟丧失近10hm^2森林。新的数据还表明，森林的净损失速度在加快，从1990—2000年期间的每年410万hm^2增至2000—2010年期间的每年640万hm^2。

森林面积减少受诸多因素的影响，比如人口增加、当地环境因素、政府发展农业开发土地的政策等，此外，森林火灾损失亦不可低估。但导致森林面积减少最主要的因素则是开发森林生产木材及林产品。由于消费国大量消耗木材及林产品，因而全球森林面积的减少不仅仅是某一个国家的内部问题，它已成为一个国际问题。毫无疑问，发达国家是木材消耗最大的群体。当然，一部分发展中国家对木材的消耗亦不可忽视。

没有森林，地表水的蒸发量将显著增加，引起地表热平衡层和对流层内热分布的变化，地面附近气温上升，降雨时空分布相应发生变化。由此造成降雨减少、风沙增加等气候异常情况发生。森林减少，森林吸收二氧化碳的能力也大大减少了。

2. 土地荒漠化

土地荒漠化是指由于气候变化和人类不合理的经济活动等因素，使干旱、半干旱和具有干旱灾害的半湿润地区的土地发生了退化，即土地退化，也称“沙漠化”。在人类诸多的环境问题中，荒漠化是最为严重的灾难之一，它给人类带来贫困和社会不稳定。

土地荒漠化见图2－3。

土地荒漠化是一个全球性的环境问题。有史以来，中国已有1200万hm^2的土地变成了沙漠，特别是近50年来形成的“现代沙漠化土地”就有500万hm^2。据联合国环境规划署调查，在撒哈拉沙漠的南部，沙漠每年大约向外扩展150万hm^2。全世界每年有600万hm^2的土地发生沙漠化。每年给农业生产造成的损失达260亿美元。1968—1984年，非洲撒哈拉沙漠的南缘地区发生了震惊世界的持续17年的大旱，给这些国家造成了巨大的经济损失和灾难，死亡人数达200多万人。沙漠化使生物界的生存空间不断缩小，已引起科学界和各国政府的高度重视。

土地荒漠化的危害表现在许多方面，已成为严重制约中国经济社会可持续发展的重大环境问题。据统计，中国每年因荒漠化造成的直接经济损失达540

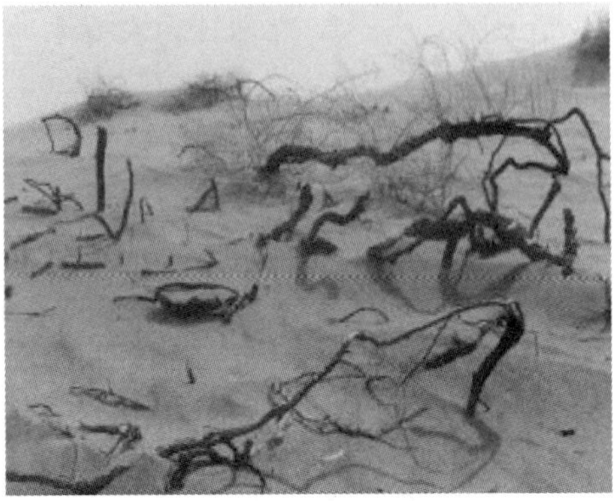

图 2-3 土地荒漠化

亿元，相当于1996年西北五省区财政收入总和的3倍，平均每天损失近1.5亿元。新中国成立以来，全国共有1000万公顷的耕地不同程度地沙化，造成粮食损失每年高达30多亿kg。在风沙危害严重的地区，许多农田因风沙毁种，粮食产量长期低而不稳，群众形象地称为“种一坡，拉一车，打一箩，蒸一锅”。在内蒙古自治区鄂托克旗，30年间流沙压埋房屋2200多间，近700户村民被迫迁移他乡。荒漠化已经不再是一个单纯的生态环境问题，而且演变为经济问题和社会问题，它给人类带来贫困和社会不稳定。在人类诸多的环境问题中，荒漠化是最为严重的灾难之一。荒漠化意味着人类将失去最基本的生存基础——有生产能力的土地消失。

五、城市发展与人口问题

伴随着地球的人口增多以及社会经济、科学技术的不断发展，全球加快了城市化发展的进程。在比较一个国家、一个地区的文明与发展水平时，城市化是一个重要标志。然而在城市化过程中以及城市化后给人们提供现代科技、现代文明、现代生活等种种好处的同时，也给环境和环境生物形成了强大的污染压力。环境保护部有关负责人近日向媒体发布了2013年9月份京津冀、长三角、珠三角区域及直辖市、省会城市和计划单列市等74个城市空气质量状况，结果为城市达标天数比例范围为13.3%～100%，平均为67.2%。平均超标天数比例为32.8%，其中轻度污染占23.7%，中度污染占6.0%，重度污染占2.9%，严重污染占0.2%。

1. 空气污染严重

由于城市化因素，人口和工业集中，致使大气污染严重。多数城市的大气含有各种污染物，既有高浓度常见污染物，又有低浓度高毒性有机污染物。目前全国约五分之一的城市大气污染严重。113 个重点城市中，1/3 以上空气质量达不到国家二级标准。机动车排放成为部分大中城市大气污染的主要来源。由于脱硫力度的不断加大，二氧化硫的排放量在一定程度上得到抑制，但是氮氧化物却呈现增长态势。

2. 水污染严重及水资源短缺

有资料显示，我国是一个严重缺水的国家，人均可利用水资源量仅为 $900m^3$，人均淡水资源仅为世界平均水平的 1/4，在世界上名列 110 位，是全球人均水资源最贫乏的国家之一，并且分布极不均衡。另外，城市的水体污染严重。各种废水未经处理，直接排入江河湖海，造成水体污染。多数城市地下水受到一定程度的污染，并且有逐年加重的趋势。

3. 电磁辐射污染严重

在科学技术迅猛发展的今天，高频与微波技术已经广泛应用于国民经济各个领域，如高频淬火、冶炼、热合、微波通信、气象观测、环境监测、医疗卫生以及家用电器等。因此，在众多电器被广泛应用的同时，也难免使生产和生活环境受到电磁辐射的污染，直接接触和受其影响的人员日益增多，特别是在这些设备的功率逐步加大、频率日益增高的状况下，电磁辐射已经成为直接接触人员和附近居民健康的一种物理性有害因素。

4. 城市绿地面积逐渐减少

城市绿地是城市生态系统的重要组成部分，对促进城市生产的发展和保证居民生活有着不可替代的作用。但由于城市发展建设，自然环境被开发利用建设工厂、住宅、道路、广场、果园、菜地等，自然环境中的植被被不断地砍伐、清除，代之以稠密的人口、建筑物，城市绿地的多种环境功能正在逐步丧失，已经成为尖锐的环境问题。20 世纪 50 年代以来，全国由于城市用地平均每年净减少耕地 48 万亩；1981—1985 年，全国每年减少约 100 万亩；20 世纪 90 年代以后，全国每年减少约 500 万亩。

六、臭氧层空洞

臭氧在大气中从地面到 70km 的高空都有分布，其最大浓度在中纬度 24km 的高空，向极地缓慢降低，最小浓度在极地 17km 的高空。臭氧层是大气平流层中臭氧浓度最大处，是地球的一个保护层，太阳紫外线辐射大部分被其吸收。臭氧层空洞是大气平流层中臭氧浓度大量减少的空域。

1. 臭氧层减少原因

导致大气中臭氧减少和耗竭的物质，主要是平流层内超音速飞机排放的大量 NO，以及人类大量生产与使用的氯氟烃化合物（氟利昂），如 CCl_3F（氟利昂 - 11）、CCl_2F_2（氟利昂 - 12）等。2014 年，全球这两种氟利昂的产量达

4400t，其大部分进入低层大气，再进入臭氧层。氟利昂在对流层内性质稳定，但进入臭氧层后，易与臭氧发生反应而消耗臭氧，以致降低臭氧层中 O_3 浓度。

图 2－4 所示为臭氧层空洞。

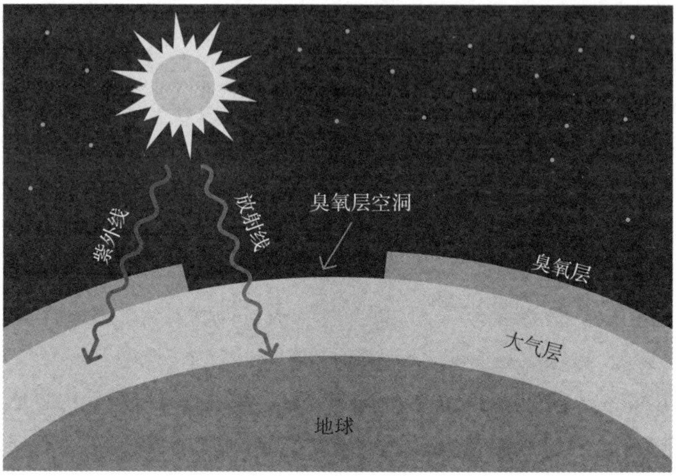

图 2－4 臭氧层空洞

2. 危害

经研究，10 多年来大气中的臭氧每减少 1%，照射到地面的紫外线就增加 2%，人的皮肤癌就增加 3%，还受到白内障、免疫系统缺陷和发育停滞等疾病的袭击。现在居住在距南极洲较近的智利南端海伦娜岬角的居民，已经尝到苦头，只要走出家门，就要在衣服遮不住的皮肤面涂上防晒油，戴上太阳眼镜，否则半小时后，皮肤就晒成鲜艳的粉红色，并伴有痒痛。

除上述情况之外，臭氧层空洞还导致生态破坏，主要表现在：

（1）农产品减产　试验 200 种作物对紫外线辐射增加的敏感性，结果 2/3 有影响，尤其是大米、小麦、棉花、大豆、水果和洋白菜等人类经常食用的作物。估计臭氧减少 1%，大豆减产 1%。

（2）减少渔业产量　紫外线辐射可杀死 10m 水深内的单细胞海洋浮游生物。实验表明，臭氧减少 10%，紫外线辐射增加 20%，将会在 15d 内杀死所有生活在 10m 水深内的鳗鱼幼鱼。

（3）影响工业产品　据研究，臭氧减少影响人类健康及生态系统的主要机制是紫外线辐射的增加会破坏核糖核酸，以改变遗传信息及破坏蛋白质。除了影响人类健康和生态外，因臭氧减少而造成的紫外辐射增多还会造成对工业生产的影响，如使塑料及其他高分子聚合物加速老化。

任务二　大气污染及主要污染物的识别

大气污染通常是指由于人类活动和自然过程引起某种物质进入大气中，呈现出足够的浓度，达到了足够的时间并因此而危害了人体的舒适、健康和福利或危害了环境的现象。

一、大气污染源

1. 特点

大气污染主要发生在离地面约12km的范围内，随大气环流和风向的移动而漂移，使大气污染成为一种流动性污染，具有扩散速度快、传播范围广、持续时间长、造成损失大等特点。

2. 分类

大气污染源可分为自然污染源和人为污染源两大类。自然污染源是由于自然原因（如火山爆发，森林火灾等）而形成，人为污染源是由于人们从事生产和生活活动而形成。在人为污染源中，又可分为固定的（如烟囱、工业排气筒）和移动的（如汽车、火车、飞机、轮船）两种。由于人为污染源普通和经常地存在，所以比起自然污染源来更为人们所密切关注。

3. 大气污染来源

大气主要污染源有以下几种：

（1）生活用炉　在市民生活区，人口相对集中，大量的民用生活炉灶和采暖锅炉也需要耗用大量的煤炭，煤炭在燃烧过程中要释放大量的灰尘、二氧化硫、一氧化碳等有害物质污染大气。特别在冬季采暖时间，往往使受污染地区烟雾弥漫，造成大气污染。

（2）交通运输　随着交通运输事业的发展，城市行驶的汽车日益增多，轮船、飞机等客货运输频繁，这些又给城市增加了新的大气污染源。特别是汽车排出的污染物距人们的呼吸带很近，能直接被人吸入。汽车内燃机排出的废气中主要含有一氧化碳、氮氧化物、烃类（碳氢化合物）、硫化物、铅化合物等。

（3）工业企业　工业企业是大气污染的主要来源，也是环境保护重点之一。随着工业的迅速发展，大气污染物的种类和数量日益增多。由于工业企业的性质、规模、工艺过程、原料和产品种类等不同，其对大气污染的程度也不同。目前主要有烟尘、硫的氧化物、氮的氧化物、有机化合物、卤化物、碳化合物等。其中有的是烟尘，有的是气体。

（4）农业污染源　农业生产过程对大气的污染主要来自农药和化肥的使用。有些有机氯农药如DDT，施用后在水中能在水面悬浮，并同水分子一起蒸发而进入大气；氮肥在施用后，可直接从土壤表面挥发成气体进入大气；而以有机氮或无机氮进入土壤内的氮肥，在土壤微生物作用下可转化为氮氧化物进入大气，从而增加了大气中氮氧化物的含量。此外，稻田释放的甲烷，也会对大气造成污染。

二、大气主要污染物

大气污染物是指由于人类活动或自然过程排入大气的并对人和环境产生有害影响的那些物质。

大气污染物的种类很多，按其存在状态可概括为两大类：气溶胶状态污染物，气体状态污染物。

1. 气溶胶污染物

在大气污染中，气溶胶是指沉降速度可以忽略的小固体粒子、液体粒子或它们在气体介质中的悬浮体系。气溶胶污染物主要分为以下几种：

（1）粉尘　粉尘是指悬浮于气体介质中的小固体颗粒，受重力作用能发生沉降，但在一段时间内能保持悬浮状态。它通常是由于固体物质的破碎、研磨、分级、输送等机械过程，或土壤、岩石的风化等自然过程形成的。颗粒的形状往往是不规则的。颗粒的尺寸范围，一般为 1 ~ 200μm。属于粉尘类的大气污染物的种类很多，如黏土粉尘、石英粉尘、煤粉、水泥粉尘、各种金属粉尘等。

（2）烟　烟一般是指由冶金过程形成的固体颗粒的气溶胶。它是由熔融物质挥发后生成的气态物质的冷凝物，在生成过程中总是伴有诸如氧化之类的化学反应。烟颗粒的尺寸很小，一般为 0.01 ~ 1μm。如有色金属冶炼过程中产生的氧化铅烟、氧化锌烟，在核燃料后处理厂中的氧化钙烟等。

（3）飞灰　飞灰是指随燃料燃烧产生的烟气排出的分散得较细的灰。

（4）黑烟　黑烟一般是指由燃料燃烧产生的能见气溶胶。在某些情况下，粉尘、烟、飞灰、黑烟等小固体颗粒气溶胶的界限，很难明显区分开，在各种文献特别是工程中，用得较混乱。根据我国的习惯，一般可将冶金过程和化学过程形成的固体颗粒气溶胶称为烟尘；将燃料燃烧过程产生的飞灰和黑烟，在不需仔细区分时，也称为烟尘。在其他情况下，或泛指小固体颗粒的气溶胶时，则通称粉尘。

（5）雾　雾是气体中液滴悬浮体的总称。在气象中是指造成能见度小于 1km 的小水滴悬浮体。

2. 气体状态污染物

气体状态污染物是以分子状态存在的污染物。气体状态污染物主要有以下几种：

（1）SO_2 SO_2是目前大气污染物中数量较大、影响范围广的一种气态污染物。SO_2主要来自化石燃料的燃烧过程，以及硫化物矿石的焙烧、冶炼等热过程。

（2）NO_x NO_x污染大气的主要是NO、NO_2。NO毒性不太大，但进入大气后可被缓慢地氧化成NO_2。NO_2的毒性约为NO的5倍。人类活动产生的NO_2，主要来自各种炉窑、机动车和柴油机的排气，其次是硝酸生产、硝化过程、炸药生产及金属表面处理等过程。其中由燃料燃烧产生的NO，约占83%。

（3）碳氧化物 CO和CO_2是各种污染物中发生量最大的一类污染物，主要来自于原料燃烧和汽车尾气排放。CO是一种窒息性气体，进入大气后，由于大气的扩散，一般对人体没有伤害作用。

（4）硫酸烟雾 硫酸烟雾是大气中的SO_2等硫氧化物，在有水雾、含有重金属的悬浮颗粒物或氮氧化物存在时，发生一系列化学或光化学反应而生成的硫酸雾或硫酸盐气溶胶。硫酸烟雾引起的刺激作用和生理反应等危害，要比SO_2气体大得多。

三、室内空气污染

随着生活水平的提高，装饰装修和室内设施的现代化引起了严重的室内空气污染。良莠不齐的建筑材料、装饰装修材料的不断涌现，以及越来越多的现代化办公设备和家用电器进驻室内，使得室内成分更加复杂，室内甲醛、苯系物、氨气、臭氧和氡气等污染物浓度水平远远高于室外。室内空气污染源由此越来越受到人们的广泛关注。

1. 室内空气污染物

室内空气污染物：①生物性污染物，如细菌；②化学性污染物，如甲醛、氨气、苯、一氧化碳、二氧化碳、氮氧化物、二氧化硫等；③放射性污染物氡气及其子体。

2. 来源

室内环境空气污染的主要来源：①室外大气污染物通过空气对流、扩散进入室内；②室内燃料的燃烧、烹饪；③建筑物结构中相关建材、人造板材、室内装饰物（如墙纸、地毯、隔热材料等）和现代家具等的有害物释放；④与人在室内一切活动有关的人为排放源（如衣着、吸烟、化妆品、杀虫剂、空气清新剂、厨房油烟气等）；⑤涂料、油漆中挥发物。

3. 室内空气污染物的危害

（1）游离甲醛 甲醛是一种无色的强烈刺激性气体，已被世界卫生组织确定为致癌和致畸形物质。甲醛释放污染，会造成眼睛流泪、眼角膜、结膜充血发炎、皮肤过敏、鼻咽不适、咳嗽、急慢性支气管炎等呼吸系统疾病，也可造成恶心、呕吐、肠胃功能紊乱。严重时还会引起持久性头痛、肺炎、肺水肿、丧失食欲，甚至导致死亡。长期接触低剂量甲醛，可引起慢性呼吸道疾病、眼部疾病、女性月经不调和紊乱、妊娠综合症、新生儿畸形、精神抑郁症。

（2）苯　苯为无色透明、有芳香味、易挥发的有毒液体，是煤焦油蒸馏或石油裂化的产物，常温下即可挥发、形成苯蒸气，温度越高，挥发量越大。短时间大量吸入可造成急性轻度中毒，表现为头痛、咳嗽、胸闷、步态蹒跚等。长期低浓度接触可发生慢性中毒，症状逐渐出现，以血液系统和神经衰弱症候群为主，表现为血白细胞和红细胞减少、记忆力下降、失眠等。严重者可发生再生障碍性贫血，甚至白血病、死亡。

（3）氡　氡是由镭衰变产生的自然界唯一的一种无色、无味、无臭的天然惰性气体。氡是一种放射性气体，普遍存在于我们的生活环境中，从 20 世纪 60 年代末期首次发现室内氡的危害至今，科学研究已经发现，氡对人体的辐射伤害占人体所受到的全部环境辐射中的 55% 以上，对人体健康威胁极大，其发病潜伏期大多都在 15 年以上，因此我们必须高度重视室内氡的危害。

（4）氨　氨是一种无色且具有强烈刺激性臭味的气体，比空气轻（相对密度 0.5）。氨是一种碱性物质，它对所接触的皮肤组织都有腐蚀和刺激作用，可以吸收皮肤组织中的水分，使组织蛋白变性，并使组织脂肪皂化，破坏细胞膜结构。浓度过高时除腐蚀作用外，还可通过三叉神经末梢的反向作用而引起心脏停搏和呼吸停止。氨通常以气体形式吸入人体进入肺泡内，氨被吸入肺后容易通过肺泡进入血液，与血红蛋白结合，破坏运氧功能。氨的溶解度极高，所以主要对动物或人体的上呼吸道有刺激和腐蚀作用，减弱人体对疾病的抵抗力。人长期接触氨可能会出现皮肤色素沉积或手指溃疡等症状；短期内吸入大量氨气后可出现流泪、咽痛、声音嘶哑、咳嗽、痰带血丝、胸闷、呼吸困难，可伴有头晕、恶心、呕吐、乏力等症状，严重者可发生肺水肿。

（5）总挥发性有机化合物（TVOC）　挥发性有机化合物常用 VOC 表示，但有时也用总挥发性有机化合物 TVOC 来表示。TVOC 主要是包括多环芳烃、挥发性有机物和醛类化合物等的混合物。VOC 是指室温下饱和蒸气压超过了 133.32Pa 的有机物，其沸点在 50 ~ 250℃，在常温下可以蒸发的形式存在于空气中，它的毒性、刺激性、致癌性和特殊的气味性，会影响皮肤和黏膜，对人体产生急性损害。TVOC 有刺激性，而且有些化合物具有毒性。TVOC 能引起机体免疫水平失调，影响中枢神经系统功能，出现头晕、头痛、嗜睡、无力、胸闷等自觉症状，还可能影响消化系统，出现食欲不振、恶心等，严重时可损伤肝脏和造血系统，出现变态反应等。

四、大气污染的危害

大气污染的危害主要有以下几方面：

1. 对人体健康的危害

一个成年人每天呼吸大约2万多次，吸入空气达15～20m^3，因此，被污染了的空气对人体健康有直接的影响。大气污染物对人体的危害是多方面的，主要表现是呼吸道疾病与生理机能障碍，以及眼鼻等黏膜组织受到刺激而患病。大气中污染物的浓度很高时，会造成急性污染中毒，或使病状恶化，甚至在几天内夺去人的生命。

2. 对植物的危害

大气污染物，尤其是SO_2、氟化物等对植物的危害是十分严重的。当污染物浓度很高时，会对植物产生急性危害，使植物叶表面产生伤斑，或者直接使叶枯萎脱落；当污染物浓度不高时，会对植物产生慢性危害，使植物叶片褪绿，或者表面上看不见什么危害症状，但植物的生理机能已受到了影响，造成植物产量下降，品质变坏。

3. 对气候的影响

大气污染物对天气和气候的影响是十分显著的，主要表现在：

（1）减少到达地面的太阳辐射量　从工厂、发电站、汽车、家庭取暖设备向大气中排放的大量烟尘微粒，使空气变得非常浑浊，遮挡了阳光，使得到达地面的太阳辐射量减少。据观测统计，在大工业城市烟雾不散的日子里，太阳光直接照射到地面的量比没有烟雾的日子减少近40%。

（2）增加大气降水量　从大工业城市排出来的微粒，其中有很多具有水气凝结核的作用。因此，当大气中有其他一些降水条件与之配合的时候，就会出现降水天气。在大工业城市的下风地区，降水量更多。

（3）产生酸雨　酸雨是大气中的污染物SO_2经过氧化形成硫酸，随自然界的降水下落形成的。酸雨能使大片森林和农作物毁坏，能使纸品、纺织品、皮革制品等腐蚀破碎，能使金属的防锈涂料变质而降低保护作用，还会腐蚀、污染建筑物。

（4）增高大气温度　在大工业城市上空，由于有大量废热排放到空中，导致近地面空气的温度比四周郊区要高一些，这种现象在气象学中称为“热岛效应”。

（5）对全球气候的影响　从地球上无数烟囱和其他种种废气管道排放到大气中的大量CO_2，约有50%留在大气里。CO_2能吸收来自地面的长波辐射，使近地面层空气温度增高，称为“温室效应”。

五、大气污染物排放

随着我国经济的快速发展，工业化和城市化突飞猛进，环境问题日益严重。我国的空气污染仍以煤烟型为主，主要污染物是 SO_2 和烟尘。据2015年国家环境保护总局空气质量日报367个城市的空气污染指数资料，大气污染冬季最严重，其次为春秋季节，夏季最好，污染总体上北方重于南方。城市大气污染由人类活动及当地特殊的地理位置综合影响形成，沙尘天气加重了北方大气污染。

1. SO_2

随着我国社会经济的发展，全国煤炭消耗量从1995年的12.8亿t增加到2014年的35.1亿t，SO_2排放总量随着煤炭消费量的增长而急剧增加。到2014年全国 SO_2排放总量达到2415万t。

在各类 SO_2 排放源中，电厂和工业锅炉排放量占到70%，成为排放大户。各类污染源排放 SO_2的情况：民用灶具12%、工业窑炉11%、工业锅炉34%、电站锅炉35%、其他8%。

2. 烟尘、粉尘

2014年全国燃煤排放的烟尘总量为123.9万t，其中火电厂和工业锅炉排放量占70%以上。同年全国工业粉尘排放量约为1092万t，其中水泥生产排尘占总量的70%以上。在水泥生产排尘中，地方水泥厂排尘占到80%，成为工业排尘的主要排放源。

3. 机动车排气污染现状

随着汽车社会拥有率的大幅增加，汽车尾气对大气造成的污染也日益加重。从全国来看，2014年汽车尾气污染分担率已经上升到了95%，年排放CO为3500万t，碳氢化合物为500万t，氮氧化合物为380万t。

我国定期发布空气质量周报的30个城市的资料显示，有相当一部分城市的空气呈现中度、重度污染。环保部门监测表明：大气中CO的86%以及NO的56%来自机动车排放，北京、上海、广州等10余个城市已经出现最为严重的光化学烟雾的先兆。

任务三 大气污染的综合防治

近年来，随着城市工业的发展，大气污染日益严重，空气质量进一步恶化。大气污染中首要污染物为可吸入颗粒物，由于它们直径很小，且夹杂着细菌，可以被人体吸入体内，引起疾病。加上工厂排出的 SO_x、NO_x 等有害气体，对人体的身心健康损害较大。图2-5所示为被污染了的天空。

图2－5　被污染了的天空

一、大气环境质量控制标准

大气环境质量标准规定了大气环境中的各种污染物在一定的时间和空间范围内的容许含量。大气环境质量标准是大气环境保护的目标值，也是评价污染物是否达到排放标准的依据。这类标准反映了人群和生态系统对环境质量的综合要求，也反映了社会为控制污染危害，在技术上实现的可能性和经济上可承担的能力。

（一）大气环境标准的种类和作用

大气环境标准按其用途可分为：大气环境质量标准、大气污染物排放标准、大气污染控制技术标准及大气污染警报标准。按其适用范围可分为：国家标准、地方标准和行业标准。

1. 大气环境质量标准

大气环境质量标准是以保障人体健康和正常生活条件为主要目标，规定出大气环境中某些主要污染物的最高允许浓度。它是进行大气污染评价，制订大气污染防治规划和大气污染物排放标准的依据，是进行大气环境管理的依据。

2. 大气污染物排放标准

以实现大气环境质量标准为目标，对污染源排入大气的污染物容许含量做出限制，是控制大气污染物的排放量和进行净化装置设计的依据，同时也是环境管理部门的执法依据。大气污染物排放标准可分为国家标准、地方标准和行业标准。

3. 大气污染控制技术标准

它根据大气污染物排放标准的要求，结合生产工艺特点、燃料、原料使用标准、净化装置选用标准、烟囱高度标准及卫生防护带标准等，都是为保证达到污染物排放标准而从某一方面作出的具体技术规定，目的是使生产、设计和管理人员易掌握和执行。

4. 警报标准

大气环境污染不致恶化或根据大气污染发展趋势，预防发生污染事故而规定的污染物含量的极限值。超过这一极限值时就发生警报，以便采取必要的措施。警报标准的制订，主要建立在对人体健康的影响和生物承受限度的综合研究基础之上。

（二）大气环境质量标准

1. 制订原则

首先，要考虑保障人体健康和保护生态环境这一大气质量目标。为此，需综合研究这一目标与大气中污染物浓度之间关系的资料，并进行定量的相关分析，以确定符合这一目标的污染物的容许浓度。

其次，标准的确定还应充分考虑地区的差异性原则。要充分注意各地区的人群构成、生态系统的结构功能、技术经济发展水平等的差异性。

除了制订国家标准外，还应根据各地区的特点，制订地方大气环境质量标准。

2. 我国的大气环境质量标准

我国于2012年制订出GB 3095—2012《大气环境质量标准》，我国污染物环境质量标准情况见表2－1。

表2－1　我国污染物环境质量标准

污染物项目	平均时间	浓度限值		单位
		一级标准	二级标准	
二氧化硫	年平均	20	60	μg/m³
	24h 平均	50	150	
二氧化氮	年平均	40	40	
	24h 平均	80	20	
一氧化氮	24h 平均	4	4	mg/m³
	1h 平均	10	10	
臭氧	日最大8h 平均	100	160	μg/m³
	1h 平均	160	200	
颗粒物	年平均	40	70	
	24h 平均	50	150	

续表

污染物项目	平均时间	浓度限值		单位
		一级标准	二级标准	
总悬浮颗粒物	年平均	80	200	$\mu g/m^3$
	24h 平均	120	300	
氮氧化物	年平均	50	50	
	24h 平均	100	100	
铅	年平均	0.5	0.5	
	季平均	1	1	
苯并芘	年平均	0.001	0.001	
	24h 平均	0.0025	0.0025	

根据环境质量基准，各地大气污染状况、国民经济发展规划和大气环境的规划目标，按照分级分区管理的原则，规定我国大气环境质量标准分为二级：

（1）一级标准　为保护自然生态和人群健康，在长期接触情况下，不发生任何危害性影响的空气质量要求。

（2）二级标准　为保护人群健康和城市、乡村的动、植物，在长期和短期的接触情况下，不发生伤害的空气质量要求。

根据各地区地理、气候、生态、政治、经济和大气污染程度，确定大气环境质量分为三类区：

（1）一类区　国家规定的自然保护区、风景游览区、名胜古迹和疗养地等。

（2）二类区　城市规划中确定的居民区、商业交通居民混合区、文化区、名胜古迹和广大农村地区。

（3）三类区　大气污染程度比较重的城镇和工业区，以及城市交通枢纽、干线等。

该标准规定，一类区由国家确定，二、三类区以及适用区域的地带范围由当地人民政府划定。凡位于二、三类区内的工业企业，应执行二级标准。此外，标准中还规定了各项污染物的监测分析方法。

3. 我国工业企业设计卫生标准

我国《工业企业设计卫生标准》（GBZ1—2010），规定了居住区大气中有害物质的最高容许浓度标准和车间空气中有害物质的最高容许浓度标准。详细情况见表 2－2 和表 2－3。

表 2-2 居住区大气中有害物质的最高容许浓度

序号	物质名称	最高容许浓度/（mg/m³）		序号	物质名称	最高容许浓度/（mg/m³）		序号	物质名称	最高容许浓度/（mg/m³）	
		一次	日平均			一次	日平均			一次	日平均
1	一氧化碳	3.00	1.00	13	汞	—	0.0003	25	硫化氢	0.01	—
2	乙醛	0.01	—	14	吡啶	0.08	—	26	硫酸	0.30	0.10
3	二甲苯	0.30	—	15	苯	2.40	0.80	27	硝基苯	0.01	—
4	二氧化硫	0.50	0.15	16	苯乙烯	0.01	—	28	铅及化合物	—	0.0007
5	二氧化碳	0.04	—	17	苯胺	0.1	0.03	29	氯	0.10	0.03
6	五氧化二磷	0.15	0.05	18	环氧氯苯烷	0.20	—	30	氯丁二烯	0.05	0.015
7	丙烯酯	—	0.05	19	氟化物	0.02	0.007	31	氯化氢	0.0015	—
8	丙烯醛	0.10	—	20	氨	0.20	—	32	铬	0.0015	—
9	丙酮	0.08	—	21	氧化氮	0.15	—	33	锰及化合物	—	0.01
10	甲基对硫磷	0.01	—	22	砷化物	—	0.003	34	飘尘	0.50	0.15
11	甲醇	3.00	1.00	23	敌百虫	0.10	—				
12	甲醛	0.05	—	24	酚	0.02	—				

表 2-3 车间空气中有害物质的最高容许浓度

序号	有害物质	最高容许浓度/（mg/m³）
1	一氧化碳	30
2	一甲胺	5
3	乙醚	500
4	乙腈	3
5	二甲胺	10
6	二甲苯	100
7	二甲基甲酰胺（皮）	10
8	二甲基甲硅烷	2
9	二气化硫	15
10	二气化砷	0.1
11	二氯丙醇（皮）	5
12	二硫化碳（皮）	10

续表

序号	有害物质	最高容许浓度/（mg/m^3）
13	二异氰酸甲苯酯	0.2
14	丁烯	100
15	丁二烯	100
16	丁醛	10
17	三乙基氯化锡（皮）	0.01
18	二氕化二砷及五氕化二砷	0.3
19	三氕化铬、铬酸盐、重铬酸钾（皮）	0.05
20	三氯氢硅	3
21	已内酰胺	10
22	五氕化二碳	1
23	五氯酚及其钠盐	0.3
24	六六六	0.1
25	丙体六六六	0.05
26	丙酮	400
27	丙烯胎（皮）	2
28	丙烯醛	0.3
29	丙烯醇（皮）	2
30	甲苯	100
31	甲醛	3
32	光气	5

居住区大气中有害物质的最高容许浓度的数值，是以居住区大气卫生学调查资料及动物实验研究资料为依据而制定的。鉴于居民中有老、幼、病、弱，且有昼夜接触有害物质的特点，故采用了较敏感的指标。这一标准是以保障居民不发生急性或慢性中毒，不引起黏膜的刺激，闻不到异常气味和不影响生活卫生条件为依据而制定的。

车间空气中有害物质最高允许浓度的数值，是以工矿企业现场卫生学调查、工人健康状况的观察以及动物实验研究资料为主要依据而制订的。最高容许浓度是指工人在该浓度下长期进行生产劳动，不致引起急性和慢性职业性危害的数值。

（三）大气污染物排放标准

制定大气污染物排放标准应遵循的原则是以大气环境质量标准为依据，综合考虑控制技术的可能性和地区的差异性。排放标准的制订方法，大体上有以下两种：

1. 按最佳适用技术确定的方法

最佳实用技术是指在现阶段效果最好且经济合理的实际应用的污染物控制技术。按该技术确定污染物排放标准的方法，就是根据污染现状、最佳控制技术的效果和对现有控制得好的污染源进行损益分析来确定排放标准，这样确定的排放标准便于实施，便于监督，但有时不一定能满足大气环境质量标准，有时又可能显得过严。

2. 按污染物在大气中的扩散规律推算的方法

按污染物在大气中扩散规律推算排放标准的方法，是以大气环境质量标准为依据，应用污染物在大气中的扩散模式推算出不同烟囱高度时的污染物容许排放量或排放浓度，或者根据污染物排放量推算出最低烟囱高度。这样确定的排放标准，由于计算式的准确性存在一定问题，各地区的自然环境条件和污染源密集程度等并不相同，对不同地区可能偏严或偏宽。

二、颗粒污染物的净化

颗粒污染物（烟尘）净化的目的是通过减少排放数量而减轻污染物对环境的影响。

1. 颗粒污染物分类

空气中颗粒污染物不仅要考虑烟尘，而且要考虑气溶胶。颗粒污染物包括：

（1）颗粒物　固体或液体细小颗粒状分布于空气流中，通常其粒径在10μm 以下。

（2）烟尘　固体颗粒由于受较大机械力作用，而暂时悬浮于介质中，通常比气溶胶颗粒大些，烟尘的直径为0.5～500μm。

（3）气溶胶　固液微粒分散于气态介质体中，在可见状态称为烟或雾。升华过程和冷凝过程以及通过化学反应（粒子的直径为0.01～1.0μm）都会产生气溶胶。实际上，气溶胶是悬浮于气体介质中的胶体。

2. 颗粒污染物性质

粉尘的粒径大小及分布对除尘机制、除尘器的设计及其运行效果都有很大影响。

（1）粒径　一般情况下，颗粒是均匀球体，直径代表粒径。事实上颗粒大小不同，形状各异。污染物颗粒越大，处理越容易。

（2）密度 密度主要分为堆积密度和真密度。堆积密度是自然堆积状态下，包括粉尘、附着气体及颗粒间气体在内的密度；真密度是排除吸附和内部空气后测得粉尘的密度。

（3）比表面积 比表面积是指单位体积的粉尘具有的总表面积 S_p，单位 cm^2/cm^3。粒子愈细，比表面积愈大，物理和化学活动性显著，如氧化、溶解、蒸发、吸附、催化等因细小颗粒比表面积大而被加速，引起粉尘的爆炸危险性和毒性增加。

（4）润湿性 润湿性是指颗粒污染物能否与液体相互附着或附着难易的性质。

（5）黏附性 黏附性是指颗粒相互附着或附着于固体表面上。粒径小、形状不规则、表面粗糙、含水率高、润湿性好及荷电量大易产生黏附现象。

（6）荷电性 颗粒污染物因相互碰撞、摩擦、放射线照射、电晕放电以及接触带电体等原因而带有一定的电荷。粉尘荷电量随温度增高、表面积增大、含水量减小而增加，还与其化学组成等因素有关。

（7）比电阻 比电阻表示颗粒污染物的导电性能。比电阻是指电流通过面积为 $1cm^2$、厚度为 1cm 的粉尘时具有的电阻值，单位是 $\Omega \cdot cm$。电除尘器的比电阻最适宜的范围是 $10^4 \sim 2\times10^{10}\Omega \cdot cm$。

（8）爆炸性 某些粉尘（如煤粉等）达到一定浓度，就会在高温、明火、电火花、摩擦、撞击等条件下引起爆炸。颗粒污染物的粒径越小，比表面积越大，粉尘和空气的湿度越小，爆炸的危险性就越大。

3. 颗粒污染物的净化

常用的颗粒污染物的除尘器有机械式除尘器、湿式除尘器、过滤式除尘器、电除尘器。

（1）机械式除尘器 机械式除尘器是指利用质量力（重力、惯性力和离心力等）分离粉尘的除尘器。常见的有重力沉降室、惯性除尘器、旋风除尘器等。

（2）湿式除尘器 湿式除尘器是实现含尘气体与液体的密切接触，使颗粒污染物从气体中分离捕集的装置，能同时达到除尘和脱除部分气态污染物的效果，还能用于气体的降温和加湿。

湿式除尘器具有结构简单、造价低和净化效率高等优点，可以有效地除去直径为 0.1 ~ 20μm 的液态或固态粒子，也能脱除气态污染物。适宜净化非纤维性和非水硬性的各种粉尘，尤其是净化高温、易燃和易爆气体。选用湿式除尘器时要特别注意管道和设备的腐蚀、污水和污泥的处理、烟气抬升高度减小及冬季排气产生冷凝水雾等问题。

湿式除尘器分为高能和低能湿式除尘器。低能湿式除尘器的压力损失为

0.25 ~1.5kPa，对10μm以上粉尘的净化效率可达90% ~95%。高能湿式除尘器的压力损失为2.5 ~9.0kPa，净化效率可达99.5%以上。

湿式除尘器常见的有喷雾塔洗涤器、旋风洗涤器、自激喷雾洗涤器、泡沫洗涤器、填料塔洗涤器、文丘里洗涤器、机械诱导喷雾洗涤器。

（3）过滤式除尘器　过滤式除尘器是使含尘气流通过多孔过滤材料将粉尘分离捕集的装置。过滤式除尘器分为采用滤布的表面式过滤器，采用纤维、硅砂等的内部式过滤器。采用滤纸或纤维作滤料的空气过滤器，主要用于通风和空气调节工程的进气净化；采用滤布作滤料的袋式除尘器，主要用于工业废气的除尘；采用硅砂等作滤料的颗粒层除尘器，可用于高温烟气除尘。

（4）电除尘器　电除尘器是利用静电力实现粒子与气流分离的一种除尘装置。电除尘器的能耗小，压力损失一般为200 ~500Pa，除尘效率高。最高可达99.99%。此外，处理气体量大，可以用于高温、高压的场合，能连续运行，并可完全实现自动控制。

电除尘器的主要缺点是初投资高，要求制造、安装和管理的技术水平较高。

电除尘器按集尘极型式不同分为管式和板式电除尘器；按气流流动方向分为卧式和立式电除尘器；按电极在电除尘器内的布置分为单区式和双区式电除尘器；按清灰方式分为干式和湿式电除尘器。

三、硫氧化物的净化技术

硫氧化物是硫的氧化合物的总称。通常硫有四种氧化物，即SO_2、SO_3、S_2O_3、SO。但是在大气中比较重要的还是SO_2和SO_3，其混合物用SO_x表示。大气中的硫氧化物大部分来自煤和石油的燃烧，其余来自自然界中的有机物腐化。硫氧化物与水滴、粉尘并存于大气中，由于颗粒物中铁、锰等起催化氧化作用，而形成硫酸雾，严重时会发生煤烟型烟雾事件，如伦敦烟雾事件或造成酸性降雨。

目前世界各国开发的脱硫技术已达189种，这些技术根据在不同的阶段，可以分为首端控制、清洁燃烧、末端控制。

首端控制，是控制污染的先决一步，减排SO_2就是以燃料洁净加工为起点。煤的洁净加工包含物理的、化学的、生物的方法，以及多种技术联用的综合工艺，在研究这些工艺的时候，必须首先了解硫在煤中的赋存状态和煤的特性。用洁净燃料替换非洁净燃料，是最简捷有效的污染控制办法，但受到自然资源和客观条件的种种限制。

清洁燃烧技术包括型煤技术、水煤浆技术、循环硫化床技术、动力配煤与煤粉燃烧、炉内喷钙和氧化钙活化技术以及完全清洁燃烧方式，如，燃气－蒸汽联合循环和燃料电池。型煤工艺的特点就是能够调整挥发分的产率，控制可燃气体的均匀性，创造高温燃烧的条件，保证充足的氧气供应，有利于完全燃烧，实现提高热效率和减少污染排放的目标。

末端控制主要为烟气脱硫。按脱硫过程是否有水参加和脱硫产物的干湿形态，烟气脱硫可分为干法、半干法、湿法三类工艺。干法脱硫工艺包括：高能电子活化氧化法、荷电干粉喷射脱硫法等。半干法脱硫工艺包括：旋转喷雾干燥法、炉内喷钙增湿活化法、烟气循环流化床脱硫技术、增湿灰循环脱硫技术等；湿法脱硫工艺包括：石灰（石灰石）－石膏法、间接石灰（石灰石）－石膏法、钠碱法、氨吸收法、磷铵复合肥法、海水脱硫技术、活性炭法等。

四、氮氧化物净化技术

NO_x 是大气中的主要污染物之一，它是由化石燃料与空气在高温燃烧时产生的，主要包括 NO、NO_2 和 N_2O，其中 NO 占 90% 以上，NO_2 占 5% ~10% 。NO_x 不仅危害人体健康，而且还是破坏环境、形成酸雨和光化学烟雾的重要物质。我国氮氧化物排放总量超过 1900 万 t，其中火力发电是最大来源，燃煤电厂排放 700 万 t，其次是工业和交通运输部门，分别贡献了 23% 和 20% 。

烟气脱硝技术包括气相反应法、等离子体活化法、吸附法、液体吸收法、微生物法等。

1. 气相反应法

（1）选择性催化还原法（SCR）　该法是在一定的温度和催化剂作用下，利用氨或烃作还原剂可选择性地将 NO_x 还原为氮气和水的方法。此法对大气环境质量的影响不大，是目前脱硝效率较高，最为成熟，且应用最广的脱硝技术。

SCR 技术是还原剂（NH_3）在催化剂的作用下，将烟气中 NO_x 还原为氮气和水。“选择性”是指氨有选择性地将 NO_x 进行还原的反应。催化反应温度为 320 ~400℃ 。该技术无副产品，脱硝效率能达 80 ~90% 。

（2）选择性非催化还原法（SNCR）　选择性非催化还原法是在 900 ~1100℃温度范围内，无催化剂作用下，通过注入氨、尿素等化学还原剂可选择性地把烟气中的 NO_x还原为 N_2和 H_2O，达到去除的目的。在 SNCR 法中温度的控制是至关重要的。由于没有催化剂加速反应，故其操作温度高于 SCR 法。为避免 NH_3被氧化，温度又不宜过高。目前的趋势是以尿素代替 NH_3 作还原剂。采用该方法一般可使 NO_x降低 50% ~60% 。

2. 等离子体活化法

其特征是在烟气中产生自由基，可同时脱除 NO_x 和 SO_2。该法可分为两大类：电子束法（EBA）和脉冲电晕等离子法（PPCP）。

（1）电子束法　该法是在烟气中加入氨的情况下，利用电子加速器产生的高能电子束辐照烟气，将烟气中的SO_2和NO_x转化成硫酸铵和硝酸铵的一种烟气脱硫脱硝技术。

（2）脉冲电晕等离子法　脉冲电晕等离子法是靠脉冲高压电源在普通反应器中形成等离子体，产生高能电子。利用高能电子将烟气中SO_2、NO_x、H_2O和O_2等气体分子激活、电离，甚至裂解，产生强氧化性基团，如OH、O、O_3等，这些活性基团与SO_2和NO_x分子作用，生成SO_3和NO_2，在有氨注入的情况下，进一步生成硝铵等细粒气溶胶，然后由布袋过滤器或静电除尘器收集产物，从而达到净化烟气的目的。

3. 固体吸附法

固体吸附法主要包括分子筛法、泥煤法、硅胶法、活性炭法等。

（1）分子筛法　常用的分子筛主要有丝光沸石。该物质对N有较高的吸附能力，在有氧条件下，能够将NO氧化为NO_2加以吸附。

（2）泥煤法　国外采用泥煤作为吸附剂来处理NO_x废气，吸附N后的泥煤，可直接用作肥料不必再生，但是机理很复杂，气体通过床层的压力较大，目前仍处于实验阶段。

（3）硅胶法　以硅胶作为吸附剂先将NO氧化为NO_2。再加以吸附，经过加热便可解吸附，当NO_2的浓度高于0.1%，NO的浓度高于1%时，效果良好，但是如果气体含固体杂质时，就不宜用此方法，因为固体杂质会堵塞吸附剂空隙而使吸附剂失去作用。

（4）活性炭法　此法对NO_x的吸附过程吸附剂伴有化学反应发生。NO_x被吸附到活性炭表面后，活性炭对NO_x有还原作用，反应式如下：

$$C + 2NO \longrightarrow N_2 + CO_2$$

$$2C + 2NO_2 \longrightarrow 2CO_2 + N_2$$

缺点在于对NO_x的吸附容量小且解吸再生麻烦，处理不当又会造成二次污染，故实际应用有困难。

4. 液体吸收法

此法是利用氮氧化物通过液体介质时被溶解吸收的原理，除去NO_x废气。此方法设备简单、费用低、效果好，故被化工行业广泛采用。现在主要的方法有：

（1）稀硝酸吸收法　用稀硝酸作吸收剂对NO_x进行物理吸收与化学吸收。可以回收NO_x，有一定的经济效益，但能耗较高。

（2）碱液吸收法　比较各种碱液的吸收效果，以NaOH作为吸收液效果最好，但考虑到价格、来源、操作难易以及吸收效率等因素，工业上应用最多的吸收液是Na_2CO_3。

（3）氧化吸收法　对于含 NO 较高的 NO_x废气，用浓 HNO_3、O_3、NaClO、$KMnO_4$等作氧化剂，先将 NO_x吸收法中的 NO 部分氧化成 NO_2，然后再用碱性溶液吸收，以提高净化效率，费用较高。

5. 微生物法

微生物法是近年来国际上研究的一种新烟气脱硝技术。废气的生物化净化过程是利用脱氮菌的生命活动来去除废气中的 NO_x。在反硝化过程中，NO_x通过反硝化细菌的同化反硝化还原成有机氮化物，成为菌体的一部分；异化反硝化，最终转化为 N_2。目前微生物治理技术的工业化应用是该技术研究的核心内容。主要包括反硝化、细菌去除、真菌去除和微藻去除。

目前，选择性催化还原（SCR）烟气脱硝技术因其较高的脱硝率成为燃煤电站锅炉控制 NO_x排放的主要选择。在我国，脱硝技术处于刚起步的阶段，应在考虑需安装脱硝装置的地理位置和该单位经济技术条件的基础上选择经济且脱硝率相对较高的脱硝技术。

任务四　酒厂废气的脱硫净化

白酒厂大气污染物中主要为硫氧化物，硫氧化物主要形式有 SO_2和 SO_3两种，其中又以 SO_2为主，除去硫氧化物目前主要采取烟气脱硫。根据世界卫生组织对 60 个国家 10～15 年的监测发现，全球污染最严重的 10 个城市中我国就占了 8 个，我国城市大气中二氧化硫和总悬浮微粒的浓度是世界上最高的。大气环境符合国家一级标准的不到 1%，62% 的城市大气中二氧化硫年日平均浓度超过了 3 级标准（$100mg/m^3$）。全国酸雨面积已占国土资源的 30%，每年因酸雨和二氧化硫污染造成的损失高达 1100 亿元。

一、烟气脱硫的类型

目前烟气脱硫技术种类达几十种，按脱硫过程是否加水和脱硫产物的干湿形态，烟气脱硫分为：湿法、半干法、干法三大类脱硫工艺。湿法脱硫技术较为成熟，效率高，操作简单，但脱硫产物的处理较难，烟气温度较低，不利于扩散，设备及管道防腐蚀问题较为突出。半干法、干法脱硫技术的脱硫产物为干粉状，容易处理，工艺较简单，但脱硫效率较低，脱硫剂利用率低。

根据各种不同的吸收剂，湿法烟气脱硫可分为：石灰石/石灰－石膏法、氨法、钠法、铝法、金属氧化镁法、双碱法等。湿法烟气脱硫的工艺过程多种多样，但都具有相似的共同点，即含硫烟气的预处理（如降温、增湿、除尘）、吸收、氧化、富液处理（灰水处理）、除雾（气水分离）、被净化后的气体再加热，以及产品浓缩和分离等。石灰石/石灰－石膏法，是燃煤电厂应用最广泛、最多的典型的湿法烟气脱硫技术。

二、烟气脱硫工艺

1. *石灰石/石灰-石膏法*

石灰石/石灰-石膏法是用石灰或石灰石作脱硫剂的烟气脱硫方法，简称为钙法。石灰和石灰石是最早用作烟气脱硫的吸收剂之一，工艺流程如图2-6所示。

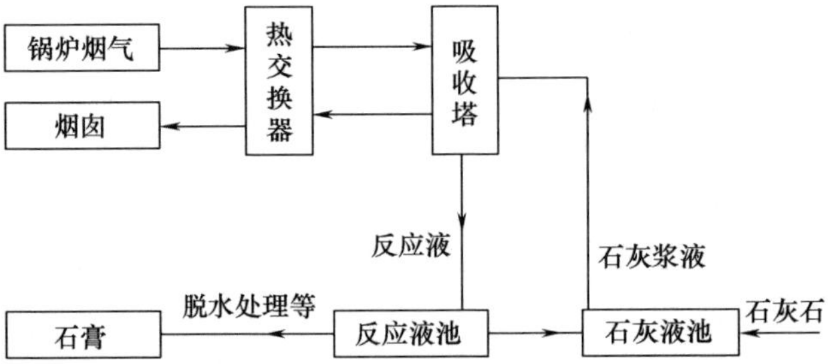

图2-6 石灰石/石灰-石膏法脱硫工艺流程

化学反应机理：石灰石直接喷射进锅炉的停留时间短暂，因此在硫氧化物脱除过程中，必须要在很短的时间内进行煅烧、吸附和氧化。

涉及的化学反应有：

$$CaCO_3 \rightleftharpoons CaO + CO_2$$
$$CaO + SO_2 \rightleftharpoons CaSO_3$$
$$CaCO_3 + SO_2 \rightleftharpoons CaSO_3 + CO_2$$
$$2CaSO_3 + O_2 \rightleftharpoons 2CaSO_4$$
$$CaO + SO_2 + 1/2O_2 \rightleftharpoons CaSO_4$$
$$CaCO_3 + SO_2 + 1/2O_2 \rightleftharpoons CaSO_4 + CO_2$$
$$4CaSO_3 \rightleftharpoons 3CaSO_4 + CaS$$

钙法的优点是工艺流程简单，制浆部分复杂，脱硫率≥95%，适用于高、中硫煤，技术程度高；缺点是运行费用高，占地面积大，有二次污染。

2. 钠法

亚硫酸钠法烟气脱硫又称韦尔曼-洛德工艺，是采用亚硫酸钠水溶液吸收SO_2的烟气脱硫工艺，其工艺流程如图2-7所示。

Na_2SO_3吸收SO_2生成$NaHSO_3$。将含有$Na_2SO_3-NaHSO_3$的吸收液进行加热再生得到增浓的SO_2，再生的吸收剂返回吸收器回路中，再生工序得到的SO_2中含水蒸气较多，可用冷凝法去除，必要时可经浓硫酸干燥塔干燥，回收得到SO_2。该脱硫工艺包括烟气预处理、SO_2吸收、吸收剂再生、SO_2回收和产品纯

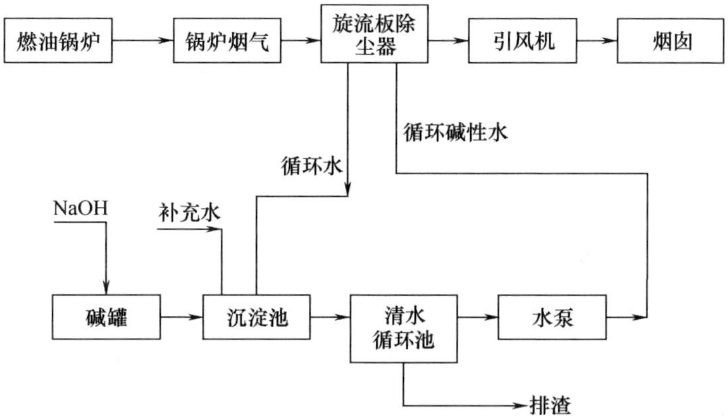

图 2-7　钠法脱硫工艺

化等工序。烟气预处理去除飞灰和氯化物，SO_2吸收在分馏塔式吸收器内进行，脱硫率达 90% 以上。

钠法的化学机理与钙法类似，用 Na_2SO_3溶液洗涤含 SO_2的气体时，首先是 SO_2溶于水中，并部分离解生成 H^+、HSO_3^- 及少量的 SO_3^{2-}。碱溶液中存在着 Na^+和 OH^-，由下列反应使 OH^-和 H^+不断减少。

$$SO_2 \rightleftharpoons H_2SO_3 \rightleftharpoons H^+ + HSO_3^-$$

$$OH^- + H^+ \rightleftharpoons H_2O$$

起初因碱过剩，SO_2与碱反应生成正盐（亚硫酸钠）。

$$2NaOH + SO_2 \rightleftharpoons Na_2SO_3 + H_2O$$

生成的亚硫酸钠具有吸收 SO_2的能力，继续从气体中吸收 SO_2，生成酸式盐（亚硫酸氢钠）。

$$SO_2 + Na_2SO_3 + H_2O \rightleftharpoons 2NaHSO_3$$

亚硫酸氢钠与碱反应又得到亚硫酸钠

$$NaHSO_3 + NaOH \rightleftharpoons Na_2SO_3 + H_2O$$

钠法优点是工艺流程简单，运行可靠性强，能耗小，占地面积小；缺点是运行费用还是比较高。

3. 氨法

氨水的水溶液呈碱性，也是 SO_2的吸收剂。工业上硫酸工业的尾气处理常采用这项技术，其工艺流程见图 2-8。

实际上，洗涤吸收过程是利用 $(NH_4)_2SO_3 - NH_4HSO_3$溶液对 SO_2循环吸收、净化烟气，然后以不同的方法处理吸收液的过程。氨极容易溶于水，氨水和 SO_2的反应为：

$$2NH_3(气)+H_2O(蒸汽)+SO_2(气)\rightleftharpoons(NH_4)_2SO_3$$

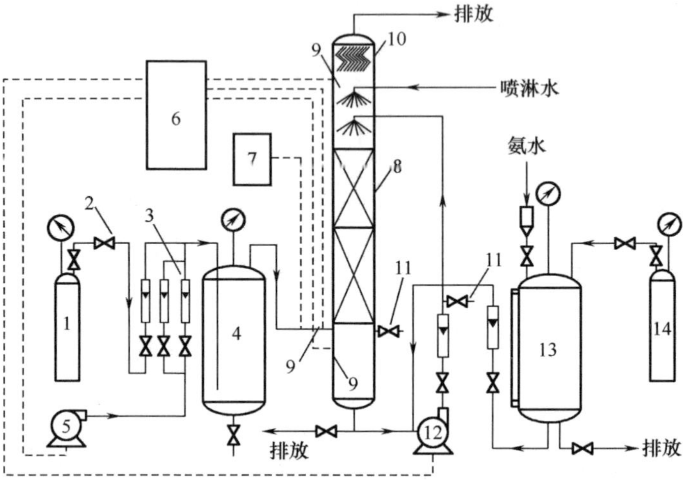

图 2-8 氨-硫酸铵湿法脱硫技术工艺流程

1—SO_2钢瓶 2—控制阀 3—流量计 4—缓冲罐 5—涡轮风机 6—电控柜 7—NOVA2000 烟气分析仪 8—吸收塔 9—热电偶 10—板式除雾器 11—取样口 12—浆液循环泵 13—氨水储罐 14—氮气钢瓶

此反应是气相反应，反应瞬时完成。亚硫酸铵对 SO_2 有更强的吸收能力，它是氨法中的主要吸收剂。

$$(NH_4)_2SO_3+H_2O+SO_2\rightleftharpoons 2NH_4HSO_3$$

氨法的优点是脱硫工艺简单，脱硫率高，脱硫成本低，占地面积小；缺点是运行可靠性稍差。

4. 金属氧化镁法

所谓金属氧化镁法，就是利用碱土金属镁的氧化物、氢氧化物作为 SO_2 的吸收剂，净化处理烟气的工艺，其过程包含吸收和再生两个主要环节。金属氧化镁脱硫工艺见图 2-9。

镁法净化回收 SO_2 的过程主要由 3 个工序组成：氧化镁浆吸收 SO_2 的洗涤工序；从洗涤母液分离出反应物，并加以干燥的分离工序；亚硫酸盐经热分解生成氧化镁的再生工序。

主要化学反应方程式：

$$MgO(s)+H_2O\rightleftharpoons Mg(OH)_2$$

$$Mg(OH)_2\rightleftharpoons Mg^{2+}+2OH^-$$

则 SO_2 的吸收主要反应式为：

$$SO_2(g) + H_2O \rightleftharpoons H_2SO_3$$

$$H_2SO_3 \rightleftharpoons H^+ + HSO_3^-$$

$$HSO_3^- \rightleftharpoons H^+ + SO_3^{2-}$$

$$Mg^{2+} + SO_3^{2-} + 3H_2O \rightleftharpoons MgSO_3 \cdot 3H_2O$$

$$Mg^{2+} + SO_3^{2-} + 6H_2O \rightleftharpoons MgSO_3 \cdot 6H_2O$$

$$Mg^{2+} + SO_3^{2-} + 7H_2O \rightleftharpoons MgSO_3 \cdot 7H_2O$$

$$SO_2 + MgSO_3 \cdot 6H_2O \rightleftharpoons Mg(HSO_3)_2 + 5H_2O$$

$$Mg(HSO_3)_2 + Mg(OH)_2 + 10H_2O \rightleftharpoons 2MgSO_3 \cdot 6H_2O$$

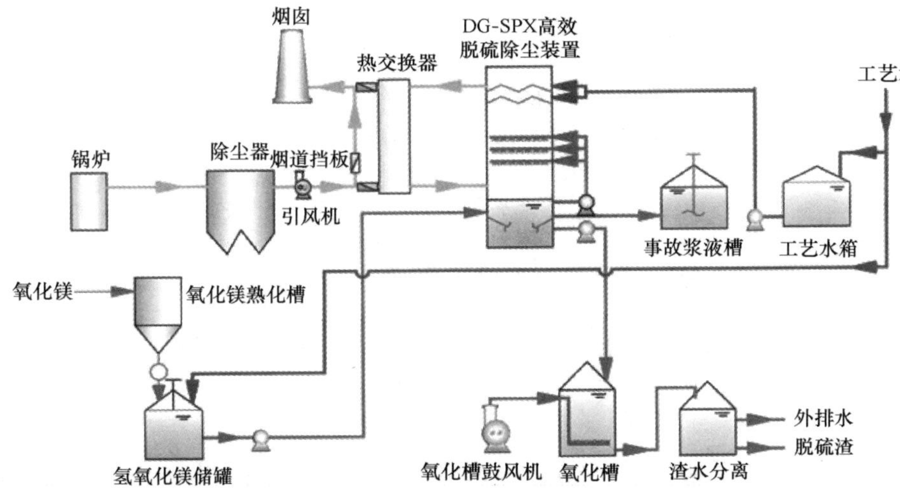

图 2－9　金属氧化镁脱硫工艺

镁法的优点是脱硫率高；缺点是投资、运行费用、能耗较高、占地面积大，工艺复杂程度高。

5. 双碱法

脱硫过程中，由于在吸收和吸收液处理中使用了两种不同类型的碱，这种脱硫方法称为双碱法。双碱法包括了钠钙、镁钙、钙钙等各种不同的双碱工艺，其中钠钙双碱法是较为常用的脱硫方法之一，工艺流程如图 2－10 所示。

双碱法烟气脱硫由物理吸收和化学吸收两个过程组成。在物理吸收过程中，SO_2溶解于吸收剂中，只要气相中被吸收的分压大于液相呈平衡时该气体分压时，吸收就会进行，主要化学反应方程式：

（1）吸收反应

$$2NaOH + SO_2 \rightleftharpoons Na_2SO_3 + H_2O$$

$$Na_2CO_3 + SO_2 \rightleftharpoons Na_2SO_3 + CO_2$$

$$Na_2SO_3 + SO_2 + H_2O \rightleftharpoons 2NaHSO_3$$

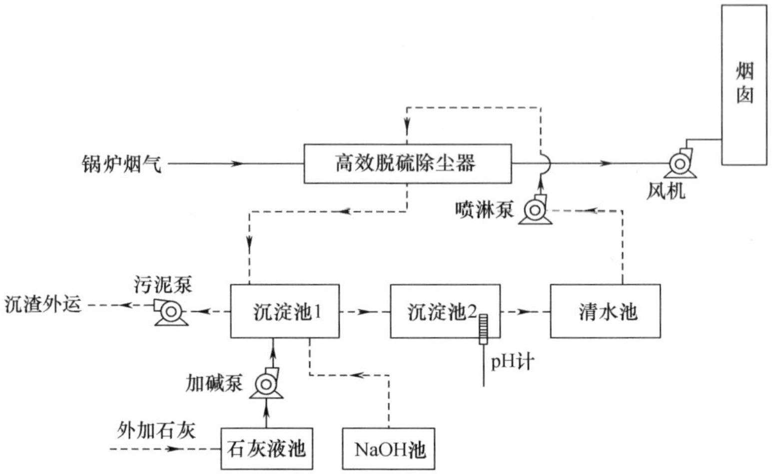

图2－10　钠钙双碱法脱硫工艺流程

（2）再生反应用石灰料浆对吸收液进行再生

$$CaO + H_2O \rightleftharpoons Ca(OH)_2$$

$$2NaHSO_3 + Ca(OH)_2 \rightleftharpoons Na_2SO_3 + CaSO_3 \cdot 1/2H_2O + 3/2H_2O$$

$$Na_2SO_3 + Ca(OH)_2 + 1/2H_2O \rightleftharpoons 2NaOH + CaSO_3 \cdot 1/2H_2O$$

（3）氧化反应

$$2CaSO_3 \cdot 1/2H_2O + O_2 + 3H_2O = 2CaSO_4 \cdot 2H_2O$$

钠钙双碱法具有以下优点：

吸收剂反应活性高、吸收速度快。

塔内钠基清洁吸收，吸收剂、吸收产物的溶解度大，塔外再生沉淀分离，可大幅降低塔内和管道内的结垢。

钠碱循环利用，损耗少。

吸收过程无废水排放，吸收液中盐分不积累，浓度稳定。

排放废渣无毒，溶解度极小。

熟石灰作为再生剂，安全可靠，成本低廉。

水泵扬程低，管路不堵塞。

操作简便，系统可长周期运行。

思考与练习

1. 写出大气污染的主要污染物。
2. 写出大气污染的主要防治措施。

拓展阅读

PM2.5 与雾霾

一、定义

PM2.5 是对空气中直径小于或等于 2.5μm 的固体颗粒或液滴的总称。这些颗粒如此细小，肉眼是看不到的，它们可以在空气中漂浮数天。人类纤细的头发直径大约是 70μm，这就比最大的 PM2.5 还大了近三十倍。

空气中的灰尘、硫酸、硝酸等颗粒物组成的气溶胶系统造成视觉障碍的称为霾。当水汽凝结加剧、空气湿度增大时，霾就会转化为雾。出现雾时空气潮湿；出现霾时空气则相对干燥，空气相对湿度通常在 60% 以下。

二、来源

PM2.5 主要来源于人为排放的气体污染物在空气中转化而成，比如化石燃料（煤、汽油、柴油）的燃烧、生物质（秸秆、木柴）的燃烧。在空气中转化成 PM2.5 的气体污染物主要有二氧化硫、氮氧化物、氨气、挥发性有机物。其他的人为来源包括：道路扬尘、建筑施工扬尘、工业粉尘、厨房烟气。

雾霾主要是大气空气气压低，空气不流动时产生的。主要来源：

（1）由于空气的不流动，使空气中的微小颗粒聚集，漂浮在空气中。

（2）地面灰尘大，空气湿度低，地面的人和车流使灰尘搅动起来。

（3）汽车尾气是主要的污染物排放，近年来城市的汽车越来越多，排放的汽车尾气是雾霾的一个因素。

（4）工厂制造出的二次污染。

（5）冬季取暖排放的 CO_2 等污染物。

三、成分

PM2.5 的来源复杂，成分自然也很复杂。主要成分是元素碳、有机碳化合物、硫酸盐、硝酸盐、铵盐。其他常见的成分包括各种金属元素，既有钠、镁、钙、铝、铁等地壳中含量丰富的元素，也有铅、锌、砷、镉、铜等主要源自人类污染的重金属元素。

二氧化硫、氮氧化物和可吸入颗粒物这三项是雾霾的主要组成，前两者为气态污染物，最后一项颗粒物才是加重雾霾天气污染的罪魁祸首。它们与雾气结合在一起，让天空瞬间变得灰蒙蒙的。

四、对健康的危害

PM2.5主要对呼吸系统和心血管系统造成伤害，包括呼吸道受刺激、咳嗽、呼吸困难、降低肺功能、加重哮喘、导致慢性支气管炎、心律失常、非致命性的心脏病、心肺病患者的过早死。老人、小孩以及心肺疾病患者是PM2.5污染的敏感人群。如果空气中PM2.5的浓度长期高于10μg/m³，死亡风险就开始上升。浓度每增加10μg/m³，总的死亡风险就上升4%，得心肺疾病的死亡风险上升6%，得肺癌的死亡风险上升8%。

雾霾天气引起的健康影响主要以急性效应为主，主要表现为上呼吸道感染、哮喘、结膜炎、支气管炎、眼和喉部刺激、咳嗽、呼吸困难、鼻塞流鼻涕、皮疹、心血管系统紊乱等疾病的症状增强；呼吸系统疾病的发病入院率增高。此外，雾霾天气还会对人体健康产生一些间接影响。霾的出现会减弱紫外线的辐射，如经常发生霾，则会影响人体维生素D的合成，导致小儿佝偻病高发，并使空气中传染性病菌的活性增强。霾天气还会影响人们的心理健康，使人产生压抑、悲观等不良情绪。

五、两者的关系

PM2.5浓度的增加，直接导致雾霾天气频发和雾中有毒有害物质的大幅增加。虽然PM2.5只是地球大气成分中含量很少的组分，但它对空气质量和能见度等有重要的影响。与较粗的大气颗粒物相比，PM2.5粒径小，富含大量的有毒、有害物质，且在大气中的停留时间长、输送距离远，因而对人体健康和大气环境质量的影响更大。

项目三　水污染的防治

任务实施

任务一　水污染及主要污染物的识别

水是地球上赖以生存的基础，水是生命的起源。当今世界，经济在高速发展，我们对于水的需求更大，然而我们却在面临前所未有的水危机。

一、水资源分布

1. 世界水资源分布

陆地上的淡水资源储量只占地球上水体总量的2.53%，其中固体冰川约占淡水总储量的68.69%，主要分布在两极地区，人类在目前的技术水平下，还难以利用。目前人类比较容易利用的淡水资源，主要是河流水、淡水湖泊水以及浅层地下水，储量约占全球淡水总储量的0.3%，只占全球总储水量的十万分之七。

从各大洲水资源的分布来看，年径流量亚洲最多，其次为南美洲、北美洲、非洲、欧洲、大洋洲。从人均径流量的角度来看，全世界河流径流总量按人平均，每人约合10000m^3。在各大洲中，大洋洲人均径流量最多，其次为南美洲、北美洲、非洲、欧洲、亚洲。

2. 我国水资源及其分布

中国水资源总量为2.8万亿m^3。其中地表水2.7万亿m^3，地下水0.83万亿m^3，居世界第六位。著名的大河有长江、黄河、黑龙江、雅鲁藏布江、珠江、淮河等。新疆的塔里木河是中国最长的内流河，长2100多千米，由于它流过干旱的沙漠，亦被称为“生命之河”。

由于中国的主要河流多发源于青藏高原，落差很大，因此水能资源非常丰富，蕴藏量约6.8亿kW，居世界第一位。但中国水能资源的地区分布很不平衡，70%分布在西南地区。按河流统计，以长江水系为最多，占全国的近40%，其次是雅鲁藏布江水系。黄河水系和珠江水系也有较多的水能蕴藏量。中国主要水系水能蕴藏量见表3－1。

表3－1　中国主要水系水能蕴藏量

水系名称	水能蕴藏量/（亿kW）	比例
全国	6.8	100%
长江	2.7	40%
黄河	0.4	0.6%
珠江	0.3	0.4%
黑龙江	0.1	0.1%
雅鲁藏布江及西藏其他河流	1.6	24%

我国水资源总数多，居世界第四位，但人均占有量却相当少，仅为世界平均值的1/4，日本的1/2，美国的1/4，俄罗斯的1/12，我国属世界13个缺水国家之一。

除此之外，我国的水资源区域分布还极不均衡，全国80%的水资源分布在长江流域及其以南地区，人均水资源量3490m^3，亩均水资源量4300m^3，属于人多、地少，经济发达，水资源相对丰富的地区。长江流域以北广大地区的水资源量仅占全国14.7%，人均水资源量770m^3，亩均约471m^3，属于人多、地多，经济相对发达，水资源短缺的地区。

目前全国600多个城市中目前大约一半的城市缺水，水污染的恶化更使水短缺雪上加霜：我国江河湖泊普遍遭受污染，全国75%的湖泊出现了不同程度的富营养化；90%的城市水域污染严重，南方城市总缺水量的60%～70%是由于水污染造成的；对我国118个大中城市的地下水调查显示，有115个城市地下水受到污染，其中重度污染约占40%。水污染降低了水体的使用功能，加剧了水资源短缺，对我国可持续发展战略的实施带来了负面影响。

二、我国淡水水体污染

从近十年的情况看，中国呈现污水排放总量持续增长，生活污水排放量占比持续上升的态势。2003—2013年，中国污水排放量由459.26亿t上升至

84.30 亿 t，年均上涨幅度为 4.53%，其中，工业废水排放量年均复合增长 0.48%，生活污水排放量年均复合增长 7.22%；生活污水排放量占全国污水排放总量的比重亦由 2003 年的 53.78% 上升至 67.62%。未来随着中国人口数量的不断增加、城市化进程的继续推进和人民生活水平的提高，城镇生活污水排放量仍将继续平稳增长，成为新增污水排放量的主要来源，持续较快增长的生活污水作为中国最主要的水污染源，成为目前及未来中国污水处理行业的重点需求领域。

根据各水资源一级区 1980—2010 年天然河川径流量均值计算得出全国污径比为 2.8%，其中，太湖流域和海河区污径比最高，分别为 30.1% 和 35.4%。其次是淮河、辽河和黄河区，污径比分别为 10.1%、8.2%、7.4%，松花江、长江、珠江、东南诸河为 2.4% ~3.2%，西北诸河约为 0.8%，西南诸河仅为 0.07%，这与目前地表水的水质污染状况较为一致。

我国监测的 197 条河流的 407 个断面中，一至三类、四五类和劣五类水质的断面比例分别为 49.9%、26.5% 和 23.6%。

2012 年我国各大流域水质状况见表 3 -2。

表 3 -2 2012 年我国各大流域水质状况 单位:%

水系	点位名称	断面情况	pH	DO /（mg/L）	COD /（mg/L）	NH_3-N /（mg/L）
松花江	黑龙江肇源	干流	7.56	7.33	5.5	1.08
	黑龙江同江	干流（入黑龙江前）	6.48	7.81	5.6	0.08
	吉林长春松花江村	干流	7.2	7.14	3.7	0.46
	吉林白城白沙滩	嫩江（入松花江前）	6.8	10.8	3.7	0.92
	黑龙江黑河	黑龙江干流	7.31	8.03	9.3	0.61
	内蒙古呼伦贝尔黑山头	额尔古纳河（国界）	7.28	6.82	11.6	0.27
	黑龙江抚远乌苏镇	乌苏里江（国界）	7.02	5.84	5	0.27
	吉林延边圈河	图们江（国界）	7.75	9.15	9.1	0.36
辽河	辽宁铁岭朱尔山	干流	7.68	7.08	2.5	0.12
	辽宁盘锦兴安	干流（入海口）	7.66	3.29	5.8	0.25
	辽宁营口辽河公园	大辽河（入海口）	7.08	1.8	9.5	0.62
	辽宁抚顺大伙房水库	库体	7.36	7.99	1.8	0.08
	辽宁辽阳汤河水库	库体	6.79	6.03	2	0.09
	辽宁丹东江桥	鸭绿江（国界）	7.05	9.52	1.5	0.02

续表

水系	点位名称	断面情况	pH	DO /（mg/L）	COD /（mg/L）	NH_3-N /（mg/L）
海河	北京密云古北口	潮河（密云水库入口）	7.45	6.62	2.1	0.09
	北京门头沟沿河城	永定河（官厅水库出口）	8.42	8.63	3.9	0.15
	天津三岔口	海河（入海口）	8.27	9.29	5.2	0.2
	天津果河桥	黎河（于桥水库入口）	8.58	7.89	2.4	0.06
	河北张家口八号桥	洋河（官厅水库入口）	8.58	9.14	5.8	0.66
	河北沧州东宋门	岔河（鲁－冀省界）	7.68	3.2	22.5	8.71
	河北石家庄岗南水库	库体	7.61	8.05	1.6	0.07
	山东聊城秤钩湾	卫河（豫冀鲁三省交界）	—	—	—	—
淮河	河南信阳淮滨水文站	干流（豫－皖省界）	7.99	8.3	4	0.48
	安徽阜南王家坝	干流（豫－皖省界）	7.46	6.22	5.8	0.61
	安徽淮南石头埠	干流	7.79	4.46	4.2	0.71
	安徽蚌埠蚌埠闸	干流（闸上）	7.18	5.09	3.3	0.17
	安徽滁州小柳巷	干流（皖－苏省界）	7.95	5.2	3.2	0.14
	江苏盱眙淮河大桥	干流（皖－苏省界）	7.6	4.86	4.1	0.15
	河南驻马店班台	洪汝河（豫－皖省界）	7	5.8	7.2	0.36
	河南信阳徐桥	史灌河（豫－皖省界）	7.94	8.07	2.8	0.2
	安徽界首七渡口	颍河（豫－皖省界）	7.52	4.01	3.6	0.17
	河南周口沈丘闸	沙河（闸上）	7.71	1.19	6.4	0.46
	安徽阜阳徐庄	泉河（豫－皖省界）	8.05	4.96	11.9	1.11
	安徽阜阳张大桥	黑茨河（豫－皖省界）	8.94	5.87	11.7	1.01
	河南周口鹿邑付桥闸	涡河（豫－皖省界）	8.84	6.37	3.6	0.08
	河南永城黄口	浍河（豫－皖省界）	8.29	5.14	6.9	0.44
	安徽亳州颜集	包河（豫－皖省界）	7.77	3.04	18.5	10.2
	安徽淮北小王桥	沱河（豫－皖省界）	8.14	8.64	4.7	0.39
	安徽宿州泗县公路桥	新汴河（皖－苏省界）	8.52	6.49	3.6	0.25
	江苏泗洪大屈	新濉河（皖－苏省界）	7.97	5.51	5.8	0.45
	安徽宿州杨庄	奎河（苏－皖省界）	8.38	1.37	23.3	9.87
	江苏徐州李集桥	沿河（苏－鲁省界）	8.66	5.05	5	0.83

续表

水系	点位名称	断面情况	pH	DO /（mg/L）	COD /（mg/L）	NH_3-N /（mg/L）
淮河	山东枣庄台儿庄大桥	京杭大运河（鲁－苏省界）	7.78	5.43	4	0.56
	江苏邳州邳苍艾山西大桥	邳苍分洪道西偏泓（鲁－苏省界）	8.09	6.89	4.3	0.3
	江苏徐州小红圈	武河（鲁－苏省界）	7.21	6	6.8	0.32
	山东临沂重坊桥	沂河（鲁－苏省界）	7.78	6.52	2.3	0.15
	山东临沂涝沟桥	白马河（鲁－苏省界）	8.06	12.2	6.2	0.14
	山东临沂清泉寺	沭河（鲁－苏省界）	7.9	7.63	8.9	0.54
	江苏连云港大兴桥	新沭河（鲁－苏省界）	7.85	6.07	3.4	0.49
黄河	甘肃兰州新城桥	干流	8.59	7.57	3	0.1
	宁夏中卫新墩	干流（甘－宁省界）	7.7	7.06	2.6	0.26
	内蒙古乌海海勃湾	干流（宁－蒙省界）	7.84	5.72	3.9	0.36
	内蒙古包头画匠营子	干流	7.6	8.26	2.1	0.13
	山西忻州万家寨水库	库体	6.86	12.9	4.9	0.41
	河南济源小浪底	干流（水库出口）	7.6	1.59	3.3	0.22
	山东济南泺口	干流（入海口）	8.32	5.86	2.6	0.13
	山西运城河津大桥	汾河（入黄河前）	—	—	—	—
	陕西渭南潼关吊桥	渭河（入黄河前）	7.8	3.3	13.6	2.09
长江	四川攀枝花龙洞	干流	8.38	8.18	3.4	0.09
	重庆朱沱	干流（川－渝省界）	7.81	6.94	3.7	0.17
	湖北宜昌南津关	干流（三峡水库出口）	8.11	7.39	3.3	0.18
	湖南岳阳城陵矶	干流	7.54	7.08	2.5	0.29
	江西九江河西水厂	干流（鄂－赣省界）	7.34	7.68	2.3	0.14
	安徽安庆皖河口	干流	7.62	7	2.3	0.16
	江苏南京林山	干流（皖－苏省界）	7.58	7.09	0.9	0.14
	四川乐山岷江大桥	岷江（与大渡河汇合前）	7.61	5.32	2.5	0.2
	四川宜宾凉姜沟	岷江（入长江前）	7.86	8.73	2.3	0.14
	四川泸州沱江二桥	沱江（入长江前）	7.47	7.52	4.2	0.3
	四川广元清风峡	嘉陵江（陕－川省界）	7.96	7.31	1.2	0.07

续表

水系	点位名称	断面情况	pH	DO /（mg/L）	COD /（mg/L）	NH_3-N /（mg/L）
长江	河南南阳陶岔	南水北调中线取水口	6.61	5.84	1.8	0.12
	湖北丹江口胡家岭	丹江口水库（库体）	8.25	10.1	1.8	0.12
	湖南长沙新港	湘江（洞庭湖入口）	7.29	5.12	1.6	0.3
	湖南岳阳岳阳楼	洞庭湖出口	6.99	8.22	1.5	0.37
	湖北武汉宗关	汉江（入长江前）	8.06	5.08	2	0.12
	江西南昌滁槎	赣江（鄱阳湖入口）	7.46	7.17	1.6	0.15
	江西九江蛤蟆石	鄱阳湖出口	7.57	7.49	2	0.13
	江苏扬州三江营	夹江（南水北调取水口）	7.41	7.05	2.1	0.15
珠江	广西凭祥平而关	平而河（入国境）	8.55	6.65	2.1	0.46
	广西南宁老口	邕江	7.79	7.29	1.3	0.12
	广西桂林阳朔	漓江	7.48	7.65	1.5	0.13
	广西贵港石嘴	浔江	8.04	6.46	1.5	0.55
	广西梧州界首	浔江（桂－粤省界）	7.79	6.48	1.9	0.09
	广东清远七星岗	北江	7.9	6.16	1	0.44
	广东广州长洲	珠江	7.37	3.56	1.7	0.71
	广东中山横栏	西江（入海口）	7.04	6.57	0.8	0.12
钱塘江	浙江杭州鸠坑口	新安江（皖－浙省界）	7.54	7.17	1.9	0.07
闽江	福建福州白岩潭	闽江（入海口）	6.82	7.85	1.7	0.59
西南	云南西双版纳橄榄坝	澜沧江（出国境）	7.73	9.01	1.2	0.18
诸河	云南红河州河口	红河（出国境）	6.79	6.8	3.7	0.45
太湖	江苏无锡沙渚	湖体	7.95	6.8	2.6	0.14
	江苏宜兴兰山嘴	湖体	7.42	6.84	3.9	0.25
	江苏苏州西山	湖体	7.46	6.86	1.1	0.14
	浙江湖州新塘港	新塘港（浙－苏省界）	8.06	6.39	3.5	0.26
	上海青浦急水港	急水港（苏－沪省界）	6.97	5.36	3.6	0.88
	浙江嘉兴王江泾	京杭大运河（苏－浙省界）	6.87	3.77	4.8	1.36
	浙江嘉兴斜路港	斜路港河（苏－浙省界）	6.84	2.9	7.5	1.77

续表

水系	点位名称	断面情况	pH	DO /（mg/L）	COD /（mg/L）	NH_3-N /（mg/L）
巢湖	安徽合肥湖滨	湖体（西半湖）	8.72	10.2	2.8	0.25
	安徽巢湖裕溪口	湖体（东半湖）	8.44	6.78	5.3	0.26
滇池	云南昆明观音山	湖体（外海）	9.4	6.22	8.4	0.27
	云南昆明西苑隧道	湖体（草海）	8.61	5.85	9.8	0.26

超强度的人类开发对水文系统、自然环境和生态系统产生了严重的干扰甚至破坏。江河断流、水质污染、水土流失加剧、湖泊萎缩和水质咸化、土地退化和沙漠化加剧、地面沉陷、次生盐渍化、陆地水生生态环境破坏和物种灭绝等人为灾害层出不穷，不仅严重地威胁着水资源的持续利用，也极大地威胁着人类自身的生存环境安全。

一些工业废水中的主要污染物见表3-3。

表3-3　一些工业废水中的主要污染物

工业部门	废水中主要污染物
化学工业	各种盐类、Hg、As、Cd、氰化物、苯类、酚类、醛类、醇类、油类、多环芳香烃化合物等
石油化学工业	油类、有机物、硫化物
有色金属冶炼	酸、Cu、Pb、Zn、Hg、Cd、As等重金属
钢铁工业	酚、氰化物、多环芳香烃化合物、油、酸
纺织印染工业	染料、酸、碱、硫化物、各种纤维素悬浮物
制革工业	铬、硫化物、盐、硫酸、有机物
造纸工业	碱、木质素、酸、悬浮物等
采矿工业	重金属、酸、悬浮物等
火力发电	冷却水的热污染、悬浮物
核电站	放射性物质、热污染
建材工业	悬浮物
食品加工工业	有机物、细菌、病毒
机械制造工业	酸、Cr、Cd、Ni、Cu、Zn等重金属，油类

三、我国海洋水体污染

海洋污染通常是指人类改变了海洋原来的状态，使海洋生态系统遭到破坏。有害物质进入海洋环境而造成的污染，会损害生物资源，危害人类健康，妨碍捕鱼和人类在海上的其他活动，损坏海水质量和环境质量等。

随着城市化的快速发展和人口数量的增长，我国海洋污染日益严重，入海流域周边的生活污水、工业废水、石油产品泄漏、海上石油开采、海水养殖的添加剂对我国近海造成了严重的污染。2013 年，全国近岸海域水质总体一般。近岸海域监测点位代表面积共 281012km^2。其中，一类、二类、三类、四类和劣四类海水面积分别为 64809km^2、120739km^2、39127km^2、18008km^2 和 38329km^2。四大海区中，黄海近岸海域水质良好，南海近岸海域水质一般，渤海和东海近岸海域水质差；9 个重要海湾中，黄河口和北部湾水质良好，胶州湾和辽东湾水质差，渤海湾、长江口、杭州湾、闽江口和珠江口水质极差。

据不完全统计，我国沿海自 1980 年以来共发生赤潮 300 多次，其中 1989 年发生的一次持续达 72d 的赤潮，造成经济损失 4 亿元，仅河北黄骅一地 6666. 67hm^2 对虾就减产上万吨。

四、水体污染的危害

水体的污染，不仅影响人民生活，破坏生态，直接危害人的健康，同时还严重影响农业生产、工业生产、渔业生产。水体污染的危害见图 3 – 1、图 3 – 2、图 3 – 3、图 3 – 4。

图 3 – 1　被污染的海水

1. 对人体的危害

水污染后，通过饮水或食物链，污染物进入人体，容易使人急性或慢性中毒。①砷、铬、铵类、苯并（a）芘等，还可诱发癌症；②被寄生虫、病毒或其他致病菌污染的水，会引起多种传染病和寄生虫病；③重金属污染的水，对

图 3－2　污染水体使渔业受损

图 3－3　被污染的河流

图 3－4　污染水体使动物受损

人的健康均有危害。例如被镉污染的水、食物，人饮食后，会造成肾、骨骼病变，摄入硫酸镉20mg，就会造成死亡；铅造成的中毒，会引起贫血，神经错乱；Cr^{6+}有很大毒性，引起皮肤溃疡，还有致癌作用。世界上80%的疾病与水有关。例如，伤寒、霍乱、胃肠炎、痢疾、传染性肝炎是人类五大疾病，均由水的不洁引起。

2. 对农业的危害

农业使用污水，使作物减产，品质降低，甚至使人畜受害，大片农田遭受污染，降低土壤质量。

3. 对动物的危害

含有大量氮、磷、钾的生活污水的排放，大量有机物在水中降解放出营养元素，促进水中藻类丛生，植物疯长，使水体通气不良，溶解氧下降，甚至出现无氧层。导致水生植物大量死亡，水面发黑，水体发臭形成“死湖”“死河”“死海”，进而变成沼泽。这种现象称为水的富营养化。海洋污染的后果也十分严重，如石油污染，造成海鸟和海洋生物死亡。

4. 对工业生产的影响

水质受到污染会影响工业产品的产量和质量，造成严重的经济损失。此外，水质污染还会使工业用水的处理费用增加，并可能对设备厂房、下水道等产生腐蚀，也影响到正常的工业生产。

任务二　水污染的综合防治

工业废水是指工业生产过程中产生的废液、废水、污水等，其中含有随水流失的工业生产用料、中间产物和副产品以及生产过程中产生的污染物。随着工业的迅速发展，废水的种类和数量迅猛增加，对水体的污染也日趋广泛和严重，威胁人类的健康和安全。

一、工业废水的分类

工业企业各行业生产过程中排出的废水，统称为工业废水，其中包括生产污水、冷却水等。

废水通常有以下三种分类方法。

1. 按行业的产品加工对象

按行业的产品加工对象主要分为冶金废水、造纸废水、炼焦煤气废水、金属酸洗废水、纺织印染废水、制革废水、农药废水、化学肥料废水等。

2. 按工业废水中所含主要污染物

含无机污染物为主的称为无机废水，含有机污染物为主的称为有机废水。

例如，电镀和矿物加工过程的废水是无机废水，食品或石油加工过程的废水是有机废水。这种分类方法比较简单，对考虑处理方法有利。

对易生物降解的有机废水一般采用生物处理法，对无机废水一般采用物理、化学和物理化学法处理。不过，在工业生产过程中，一种废水往往既含无机物，也含有机物。

3. 按废水中所含污染物成分

按废水中所含污染物成分主要分为酸性废水、碱性废水、含酚废水、含镉废水、含铬废水、含锌废水、含汞废水、含氰废水、含有机磷废水、含放射性废水等。这种分类方法的优点是突出了废水的主要污染成分，可有针对性地考虑处理方法或进行回收利用。

除上述分类方法外，还可以根据工业废水处理的难易程度和废水的危害性，将废水中的主要污染物分为三类。

（1）易处理危害小的废水　如生产过程中产生的热排水或冷却水，对其稍加处理，即可排放或回用。

（2）易生物降解无明显毒性的废水　一般可采用生物处理法处理。

（3）难生物降解又有毒性的废水　如含重金属废水，含多氯联苯和有机氯农药废水等。

上述废水的分类方法只能作为了解污染源时的参考。实际上，一种工业可以排出几种不同性质的废水，而一种废水又可能含有多种不同的污染物。例如染料工业，既排出酸性废水，又排出碱性废水。纺织印染废水由于织物和染料的不同，其中的污染物和浓度往往有很大差别。

二、工业废水对环境的污染

随着我国工业的发展，工业废水的排放量日益增加，达不到排放标准的工业废水排入水体后，会污染地表水和地下水。水体一旦受到污染，要想在短时间内恢复到原来的状态是不容易的。水体受到污染后，不仅会使其水质不符合饮用水、渔业用水的标准，还会使地下水中的化学有害物质和硬度增加。

几乎所有的物质，排入水体后都有产生污染的可能性。各种物质的污染程度虽有差别，但超过某一浓度后会产生危害。

1. 有毒物质的有机废水和无机废水的污染

例如，含氰、酚等急性有毒物质、重金属等慢性有毒物质及致癌物质等造成的污染。致毒方式有接触中毒（主要是神经中毒）、食物中毒、糜烂性毒害等。

2. 无毒物质的有机废水和无机废水的污染

有些污染物质本身虽无毒性，但由于量大或浓度高而对水体有害。例如排入水体的有机物，超过允许量时，水体会出现厌氧腐败现象；大量的无机物流入时，会使水体内盐类浓度增高，造成渗透压改变，对生物（动植物和微生物）造成不良的影响。

3. 含油废水产生的污染

油漂浮在水面既有损美观，又会散出令人厌恶的气味。燃点低的油类还有引起火灾的危险。动植物油脂具有腐败性，消耗水体中的溶解氧。

4. 有大量不溶性悬浮物废水的污染

例如，纸浆、纤维工业等的纤维素，选煤、选矿等排放的微细粉尘，陶瓷、采石工业排出的灰砂等。这些物质沉积水底有的形成“毒泥”，发生毒害事件的例子很多。如果是有机物，则会发生腐败，使水体呈厌氧状态。这些物质在水中还会阻塞鱼类的鳃，导致呼吸困难，并破坏产卵场所。

5. 酸性和碱性废水产生的污染

除对生物有危害作用外，还会损坏设备和器材。

6. 含高浊度和高色度废水产生的污染

引起光通量不足，影响生物的生长繁殖。

7. 含有氮、磷等工业废水产生的污染

对湖泊等封闭性水域，由于含氮、磷物质的废水流入，会使藻类及其他水生生物异常繁殖，使水体产生富营养化。

8. 含有多种污染物质废水产生的污染

各种物质之间会产生化学反应，或在自然光和氧的作用下产生化学反应并生成有害物质。例如，硫化钠和硫酸产生硫化氢，亚铁氰盐经光分解产生氰等。

三、工业废水中的主要污染物与污染指标

1. 主要污染物

废水中污染物种类较多，根据废水对环境污染所造成危害的不同，废水中主要污染物有固体污染物、有机污染物、油类污染物、有毒污染物、生物污染物、酸碱污染物、需氧污染物、营养性污染物、感官污染物和热污染等。

典型污染废水的化学成分见表3－4。

表3－4　典型工业废水主要化学成分

废水来源	pH	NH_3-N /（mg/L）	COD_{Cr} /（mg/L）	BOD_5 /（mg/L）	SS /（mg/L）	氰化物 /（mg/L）	硫化物 /（mg/L）
油页岩厂	7.5～8.5	1780～1840	5700～7000	—	60～1500	0.2～0.9	450～500
煤气厂	6～9	2000～3000	—	—	200～400	15～30	50～100
焦化厂	8～9	1634～1968	5245～7778	1420～2070	46～58	1.5～3.0	5.4

续表

废水来源	pH	NH_3-N /（mg/L）	COD_{Cr} /（mg/L）	BOD_5 /（mg/L）	SS /（mg/L）	氰化物 /（mg/L）	硫化物 /（mg/L）
制革厂	6～12	—	—	220～2250	70～13700	—	—
造纸厂	8.8～10.2	0.5～2.1	2077～2767	—	634～1528	—	—
印染厂	9～12	7.7	1100	350	145	—	7.4
氮肥厂	6.5～7.5	—	—	—	-200～320	—	—
屠宰厂	7.8	90	—	1707	—	—	—

注：NH_3-N为废水中氨氮含量；SS为固体悬浮物浓度。

废水中主要污染物见表3-5。

表3-5 废水中主要污染物

污染物	主要来源
游离氯	氯碱厂、造纸厂、石油化工厂、漂洗车间
氨及铵盐	煤气厂、氮肥厂、化工厂、炼焦厂
镉及其化合物	颜料厂、石油化工厂、有色金属冶炼厂
铅及其化合物	颜料厂、冶炼厂、蓄电池厂、烷基铅厂、制革厂
砷及其化合物	农药使用过程、农药厂、氮肥厂、制药厂、皮毛厂、染料厂
汞及其化合物	氯碱厂、氯乙烯、乙醛等的石油化工厂、农药厂、炸药厂、汞矿山厂
铬及其化合物	颜料厂、石油化工厂、铁合金厂、皮革厂、制药厂、陶瓷厂、玻璃厂
氟化物	磷肥厂、氟化盐厂、塑料厂、玻璃制品制造厂
氰化物	煤气厂、丙烯腈生产厂、有机玻璃厂、黄血盐生产厂、电镀厂
苯酚及其他酚类	煤气厂、石油裂解厂、合成苯酚厂、合成染料厂、合成纤维厂、酚醛塑料厂、合成树脂厂、制药厂、农药厂
有机氯化物	农药厂、农药使用过程、塑料厂
有机磷化物	农药厂、农药使用过程
醛类	合成树脂厂、青霉素药厂、合成橡胶厂、合成纤维厂
硫化物	硫化染料厂、煤气厂、石油化工厂
硝基及氨基化合物	化工厂、染料厂、炸药厂、石油化工厂
油类	石油化工厂、纺织厂、食品厂
铜化合物	石油化工厂、试剂厂、矿山
放射性物质	原子能工业、放射性同位素实验室、医院
热污染	工矿企业的冷却水、发电厂
生物污染	制药厂、屠宰厂、医院、养老院、生物研究所、天然水体、阴沟
碱类	氯碱厂、纯碱厂、石油化工厂、化纤厂

一般污水中的主要污染物可分为三大类：物理性污染物、化学性污染物和生物性污染物。

物理性污染物包括热污染、悬浮污染物质、放射性污染物。

化学性污染物包括无机无毒污染物、无机有毒污染物、有机无毒污染物（需氧有机污染物）、有机有毒污染物、油类污染物质。

生物性污染物主要是指废水中的致病性微生物，它包括致病细菌、病虫卵和病毒。未污染的天然水细菌含量很低，当城市污水、垃圾淋溶水、医院污水等排入后将带入各种病原微生物。如生活污水中可能含有能引起肝炎、伤寒、霍乱、痢疾、脑炎的病毒和细菌以及蛔虫卵和钩虫卵等。生物污染物污染的特点是数量大，分布广，存活时间长、繁殖速度快。

食品工业废水的特点是有机物质和悬浮物含量高，易腐败，一般无大的毒性。其危害主要是使水体富营养化，以致引起水生动物和鱼类死亡，促使水底沉积的有机物产生臭味，恶化水质，污染环境。

2. 污染指标

污染指标包括物理性指标、化学性指标和生物性指标。

物理性指标有固体物质（TS）、浑浊度、颜色、嗅、味、温度和电导率等。

化学性指标包括化学需氧量（COD）、生化需氧量（BOD）、总有机碳（TOC）、有机氮、pH 和有毒物质指标等。

生物性指标主要有细菌总数、大肠菌数及病原菌等。细菌总数是指 1mg 水中所含有的各种细菌的总数；大肠菌数是指每升水中所含有的大肠菌个数。

四、污染源调查

工业污染源调查主要有现场调查和资料分析两个部分。

1. 现场调查

（1）查明工厂在所有操作条件（正常及高负荷）下的水平衡状况。

（2）记下所有用水工序，并编制每个工序的水平衡明细表。

（3）从各排水工序和总排水口取水样进行水质分析。

（4）确定排放标准。

2. 资料分析

从现场获得的资料，要进行资料分析，资料分析应明确下列事项：

（1）哪些工段是主要污染源。

（2）有无可能将需要处理的废水和不需处理就可排放的废水进行分流。

（3）能否通过改进工艺和设备减少废水量和浓度。

（4）能否使某工段的废水不经处理就可用于其他工段。

（5）有无回收有用物质的可能性。

五、工业废水的处理方法

由于工业废水组成成分复杂，因此处理比较困难，特别是处理方法的选择，必须根据废水的水质和数量，排放到的接纳水体或水的用途来考虑。同时还要考虑废水处理过程中产生的污泥、残渣的处理利用和可能产生的二次污染问题，以及絮凝剂的回收利用等。

废水处理方法的选择取决于废水中污染物的性质、组成、状态及对水质的要求。一般废水的处理方法大致可分为物理法、化学法及生物法三大类。

1. 物理处理法

物理处理法是利用物理作用处理、分离和回收废水中的污染物。采用的处理方法：①筛滤截留法：筛网、格栅、滤池、微滤机、砂滤；②重力分离法：沉砂池、沉淀池、隔油池与气浮池；③离心分离法：离心机与漩流分离器。例如浮选法（或气浮法）可除去乳状油滴或相对密度近于1的悬浮物；用沉淀法除去水中相对密度大于1的悬浮颗粒的同时回收这些颗粒物；蒸发法用于浓缩废水中不挥发性的可溶性物质；过滤法可除去水中的悬浮颗粒等。

（1）格栅　格栅一般放置在污水流程的渠道或泵站集水池进口处，由一组平行金属栅条或筛网组成。格栅的示意图见图3－5。

图3－5　格栅示意图

格栅的功能：①截留较大的悬浮物或漂浮物；②减轻后续处理构筑物的负荷；③保护后续处理构筑物或水泵机组。

（2）破碎机　破碎机的作用是把污水中较大的悬浮固体破碎成较小的、较均匀的碎块，仍留在污水中，随水流到后续的污水处理构筑物进行处理。

（3）沉淀池　沉淀池的作用是水中的可沉固体物质在重力作用下下沉，从而与水分离的过程。沉淀池的结构见图 3－6。

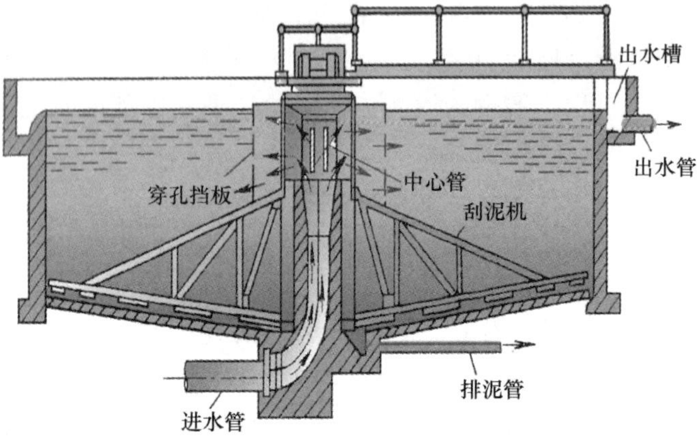

图 3－6　沉淀池的结构

沉淀功能：①用于一级处理：去除杂质、颗粒状物，减轻后续处理设施的负荷；②用于二级处理：二次沉淀池，分离去除的生物污泥，泥水分离；③用于灌溉或氧化塘稳定水质去除水中虫卵或固体颗粒。

（4）沉砂池　沉砂池示意图见图 3－7，结构图见图 3－8。沉砂池的作用是去除污水中相对密度较大的无机颗粒物。沉砂池一般设于泵站倒虹管前，减轻机械、管道的磨损；设于初沉池前，减轻沉淀池负荷，以及改善污泥处理构筑物的处理条件。

图 3－7　沉砂池示意图

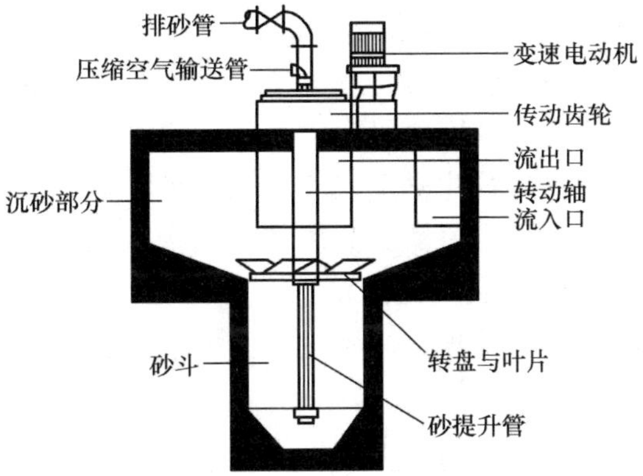

图 3－8　沉砂池的结构

2. 化学处理法

化学处理法是通过化学反应和传质作用来分离、去除废水中呈溶解、胶体状污染物或将其转化为无害物质的废水处理法。主要分为：臭氧化处理法、电解处理法、化学沉淀处理法、混凝处理法、氧化处理法、中和处理法等。化学处理法能有效地去除废水中多种剧毒和高毒污染物。例如中和法用于中和酸性或碱性废水；氧化还原法用来除去废水中还原性或氧化性污染物，杀灭天然水体中的病原菌等。

（1）臭氧化处理法　臭氧化处理法是用臭氧作氧化剂对废水进行净化和消毒处理的方法。常用含低浓度臭氧的空气或氧气作处理剂。由于臭氧是一种极不稳定、易分解的强氧化剂，需现场制造，工艺设施主要由臭氧发生器和气水接触设备组成。

污水经臭氧处理可达到降低 COD、杀菌、增加溶解氧、脱色除臭、降低浊度的目的，臭氧的消毒能力比氯更强。该法主要作用是水的消毒，去除水中酚、氰等污染物质，水的脱色，水中铁、锰等金属离子的去除，异味和臭味的去除等。优点是反应迅速、流程简单、无二次污染。

（2）电解处理法　电解处理法是应用电解的基本原理，使废水中有害物质通过电解转化成为无害物质以实现净化的方法。废水电解处理包括电极表面电化学作用、间接氧化和间接还原、电浮选和电絮凝等过程，分别以不同的作用去除废水中的污染物。

主要优点：①使用低压直流电源，不必大量耗费化学药剂；②在常温常压下操作，管理简便；③如废水中污染物浓度发生变化，可以通过调整电压和电流的方法，保证出水水质稳定；④处理装置占地面积不大。主要用于含铬废水和含氰废水的处理。

（3）化学沉淀处理法　化学沉淀处理法是通过向废水中投加可溶性化学药剂，使之与其中呈离子状态的无机污染物起化学反应，生成不溶于或难溶于水的化合物沉淀析出，从而使废水净化的方法。投入废水中的化学药剂称为沉淀剂，常用的有石灰、硫化物和钡盐等。

化学沉淀法的原理是通过化学反应使废水中呈溶解状态的重金属转变为不溶于水的重金属化合物，通过过滤和分离使沉淀物从水溶液中去除，包括中和沉淀法、硫化物沉淀法、铁氧体共沉淀法。由于受沉淀剂和环境条件的影响，沉淀法往往出水浓度达不到要求，需做进一步处理，产生的沉淀物必须很好地处理与处置，否则会造成二次污染。

根据沉淀剂的不同，可分为：①氢氧化物沉淀法，即中和沉淀法，是从废水中除去重金属有效而经济的方法；②硫化物沉淀法，能更有效地处理含金属废水，特别是经氢氧化物沉淀法处理仍不能达到排放标准的含汞、含镉废水；③钡盐沉淀法，常用于电镀含铬废水的处理。

化学沉淀法是一种传统的水处理方法，广泛用于水质处理中的软化过程，也常用于工业废水处理，以去除重金属和氰化物。

（4）混凝处理法　混凝处理法是通过向废水中投加混凝剂，使其中的胶粒物质发生凝聚和絮凝而分离出来，以净化废水的方法。混凝系凝聚作用与絮凝作用的合称。前者系因投加电解质，使胶粒电动电势降低或消除，以致胶体颗粒失去稳定性，脱稳胶粒相互聚集而产生；后者系由高分子物质吸附搭桥，使胶体颗粒相互聚集而产生。

颗粒中较大的粗粒悬浮物可以利用自然沉淀去除，但是更微小的悬浮物，甚至是某些有害的化学离子，特别是胶体粒子沉降得很慢，甚至能在水中长期保持分散的悬浮状态而不能自然下沉，难以用自然沉淀的方法从水中分离除去。混凝剂的原理是破坏这些细小颗粒的稳定性，使其互相接触而凝聚在一起，形成絮状物，并下沉分离。

混凝剂可归纳为两类：①无机盐类，有铝盐（硫酸铝、硫酸铝钾、氯酸钾等）、铁盐（三氯化铁、硫酸亚铁、硫酸铁等）和碳酸镁等；②高分子物质，有聚合氯化铝、聚丙烯酰胺等。处理时，向废水中加入混凝剂，消除或降低水中胶体颗粒间的相互排斥力，使水中胶体颗粒易于相互碰撞和附聚搭接而形成较大颗粒或絮凝体，进而从水中分离出来。图 3 -9 所示为混凝处理示意图。

影响混凝效果的因素有：水温、pH、浊度、硬度及混凝剂的投放量等。

（5）氧化处理法　氧化处理法是利用强氧化剂氧化分解废水中污染物，以净化废水的方法。强氧化剂能将废水中的有机物逐步降解成为简单的无机物，也能把溶解于水中的污染物氧化为不溶于水而易于从水中分离出来的物质。

常用氧化剂：①氯类，有气态氯、液态氯、次氯酸钠、次氯酸钙、二氧化

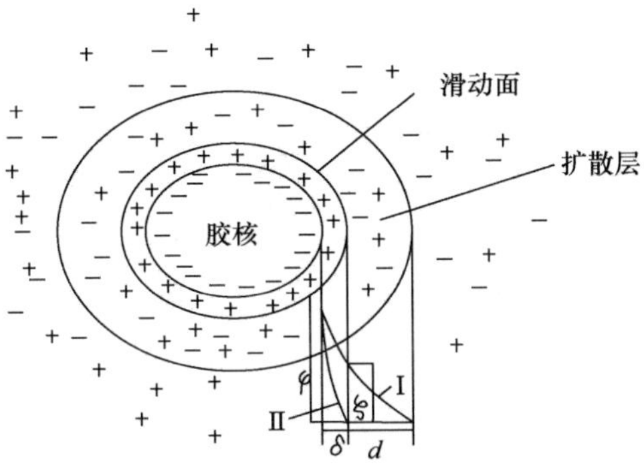

图3-9　混凝处理示意图

氯等；②氧类，有空气中的氧、臭氧、过氧化氢、高锰酸钾等。

（6）中和处理法　中和处理法是利用中和作用处理废水，使之净化的方法。其基本原理是，使酸性废水中的 H^+ 与外加 OH^-，或使碱性废水中的 OH^- 与外加的 H^+ 相互作用，生成弱解离的水分子，同时生成可溶解或难溶解的其他盐类，从而消除它们的有害作用。采用此法可以处理并回收利用酸性废水和碱性废水，可以调节酸性或碱性废水的 pH。中和处理的工艺流程见图3-10。

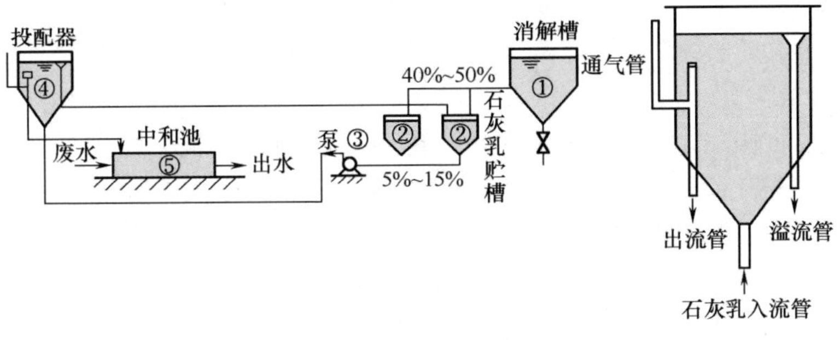

图3-10　中和处理的工艺流程

3. 生物处理法

生物处理法是利用微生物的生命活动过程对废水中的污染物进行转移和转化作用，从而使废水得到净化的处理方法。其主要特征是应用微生物特别是细菌，在生化反应器中将废水中的污染物转化为微生物细胞以及简单的无机物。

优点：①处理费用低廉；②对废水水质的适用面宽；③废水生物处理法不加投药剂，可以避免对水质造成二次污染；④生物处理效果良好，不仅去除了有机物、病原体、有毒物质，还能去除臭味，提高透明度，降低色度等。

生物处理法主要有：厌氧生物处理法、活性污泥法、生物膜法、氧化塘法。

（1）厌氧生物处理法　厌氧生物处理法是指在无氧条件下通过厌氧微生物的作用，将污水中所含的各种复杂有机物经厌氧分解转化成甲烷和 CO_2 等简单物质的过程。具有能耗低、有机负荷高、占地面积小、污泥产量少、能产生沼气等优点。厌氧微生物处理法可分为厌氧活性污泥法和厌氧生物膜法。目前，主要使用的方法包括：厌氧接触法、UASB、ABR、厌氧流化床等。

厌氧生物处理过程分为三个阶段：第一阶段水解酸化，在水解酶的催化下，将复杂的多糖类水解为单糖类，将蛋白质水解为氨基酸，并将脂肪水解为甘油和脂肪酸；第二阶段产酸，在产酸菌的作用下将第一阶段的产物进一步降解为比较简单的挥发性有机酸等，如乙酸、丙酸、丁酸等挥发性有机酸，以及醇类、醛类等，同时生成二氧化碳和新的微生物细胞；第三阶段产甲烷，在甲烷菌的作用下将第二阶段产生的挥发酸转化成甲烷和二氧化碳。处理后的污泥所含致病菌大大减少，臭味显著减弱，肥分变成速效的，体积缩小，易于处置。

（2）活性污泥法　活性污泥法是一种应用最广、工艺比较成熟的废水生物处理技术。它利用含有好氧微生物的活性污泥，在通气条件下，使污水净化的生物学方法。根据曝气方式的不同，分为普通曝气法、完全混合曝气法、逐步曝气法、旋流式曝气法和纯氧曝气法。活性污泥法不仅用于处理生活污水，而且在印染、炼油、石油化工、农药、造纸和炸药等许多工业废水处理中，都取得很好的净化效果。

活性污泥中的微生物以细菌为主，还包括真菌、藻类、原生动物等。此法最大的弱点是产生大量的剩余污泥，剩余污泥已成为令人头疼的难以解决的疑难问题，研究开发从源头上不产生或少产生污泥的污水处理技术成为研究的热点。

普通活性污泥法处理系统见图 3－11。

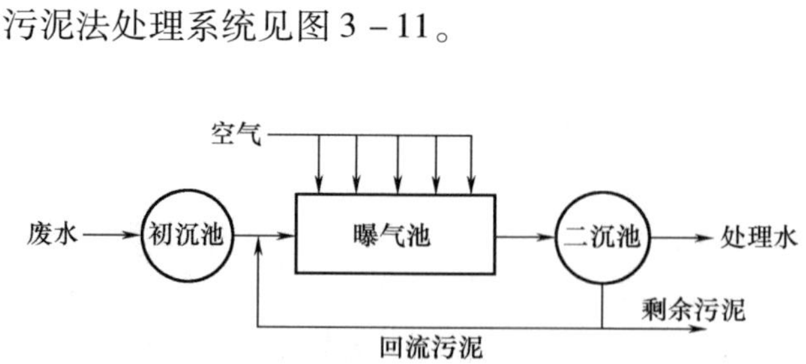

图 3－11　普通活性污泥法处理系统

（3）生物膜法　生物膜法和活性污泥法一样都是利用微生物来去除废水中

有机物的方法。生物膜是微生物高度密集的物质，是由好氧菌、厌氧菌、兼性菌、真菌、原生动物等组成的生态系统，主要用于去除废水中呈溶解的和胶体状有机污染物。

生物膜法主要分为生物滤池法、生物转盘法、生物接触氧化池法、流化床生物膜法、悬浮颗粒生物膜法等。它广泛应用于石油、印染、造纸、农药、食品等工业废水的处理。它具有不存在污泥膨胀问题、对废水水质、水量的变化有较好的适应性、剩余污泥量少等优点。生物膜法基本流程见图3－12。

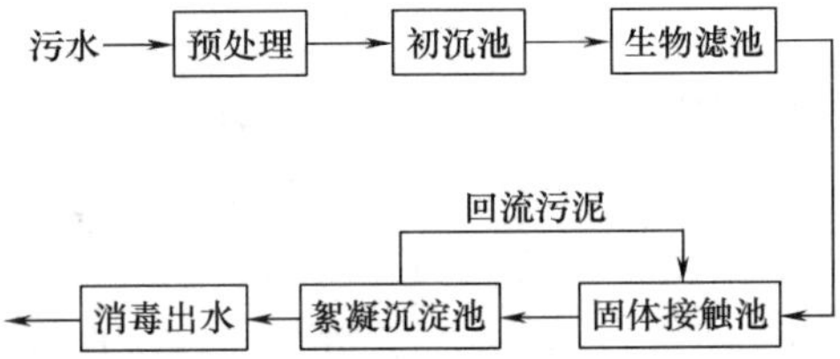

图3－12　生物膜法基本流程

（4）氧化塘法　氧化塘法又称生物塘法或稳定塘法，是利用一些适宜的自然池塘或人工池塘，由于污水在塘内停留的时间较长，通过水中的微生物代谢活动可以将有机物降解，从而使污水得到净化的一种方法。在氧化塘中，废水中的有机物主要是通过有机菌藻共生作用去除的。

氧化塘中同时可以进行好氧作用、厌氧性分解作用、光合作用，三种作用互相影响。氧化塘的效率较低，并需要较大的空间位置，氧化有机物所需的氧气来源常不足，引起氧化作用不完全，因而常常产生较大的臭味。由于它是一个开放系统，所以它的处理效率受季节温度波动的影响很大，这种处理系统只能在温暖的地方使用。

六、工业废水处理的基本原则

1. 工业废水的主要特点

（1）水质和水量因生产工艺和生产方式的不同而差别很大，如电力、矿山等部门的废水主要含无机污染物，而造纸和食品等工业部门的废水，有机物含量很高，BOD_5（五日生化需氧量）常超过2000mg/L，有的达30000mg/L。即使同一生产工序，生产过程中水质也会有很大变化，如氧气顶吹转炉炼钢，同一炉钢的不同冶炼阶段，废水的pH可在4～13，悬浮物可在250～25000mg/L变化。

（2）除间接冷却水外，都含有多种同原材料有关的物质，而且在废水中的存在形态往往各不相同。如氟在玻璃工业废水和电镀废水中一般呈氟化氢（HF）或氟离子（F^-）形态，而在磷肥厂废水中是以四氟化硅（SiF_4）的形态存在。

2. 处理原则

工业废水的处理主要有以下几个原则：

（1）选择最佳工艺　最根本的是改革生产工艺，尽可能在生产过程中杜绝有毒有害废水的产生。如以无毒用料或产品取代有毒用料或产品。

（2）减少流失量　在使用有毒原料以及产生有毒的中间产物和产品的生产过程中，采用合理的工艺流程和设备，并实行严格的操作和监督，消除漏逸，尽量减少流失量。

（3）合理分流　含有剧毒物质废水，如含有一些重金属、放射性物质、高浓度酚、氰等废水应与其他废水分流，以便于处理和回收有用物质。

（4）尽可能回用　一些流量大而污染轻的废水如冷却废水，不宜排入下水道，以免增加城市下水道和污水处理厂的负荷，这类废水应在厂内经适当处理后循环使用。

（5）合理排放　成分和性质类似于城市污水的有机废水，如造纸废水、制糖废水、食品加工废水等，可以排入城市污水系统。应建造大型污水处理厂，包括因地制宜修建的生物氧化塘、污水库、土地处理系统等简易可行的处理设施。与小型污水处理厂相比，大型污水处理厂既能显著降低基本建设和运行费用，又因水量和水质稳定，易于保持良好的运行状况和处理效果。

（6）有毒物质降解排放　一些可以生物降解的有毒废水如含酚、氰废水，经厂内处理后，可按容许排放标准排入城市下水道，由污水处理厂进一步进行生物氧化降解处理。

任务三　酒厂废水的处理与再生利用

一、白酒厂废水的来源及排放标准

我国大大小小的白酒企业多达上万家，总排污量大，在整个轻工行业中属于污染大户。近年来，随着国家对环境问题的日益重视，一系列法规政策相应出台，各个生产厂家都面临着如何防治污染这一难题，尤其是白酒企业，主要针对的污染物就是高浓度有机废水的问题，它是白酒生产过程中的主要污染物。

1. 来源

白酒酿造产生的污水主要是来源于酿酒车间的甑底锅水、发酵废水

（又称黄水）、冷却水、清洗场地用水及洗甑用水，包装车间的洗瓶水，酿酒、包装、制曲等车间及公共厕所的冲洗水等。酿酒底锅水属高浓度有机废水，其特点：COD_{cr}高，pH低，色度较高，间断排放，负荷波动较大。废水来源于蒸煮工段，含有少量漏出的酿酒原料：高粱、谷壳等。废水BOD_5/COD_{cr}的比值约为0.45，可生化性较好。冲洗晾堂水也是间断排放，两种废水混合后，COD_{cr}平均值为10000mg/L。废水污染物属第二类污染物。

2. 废水的排放标准

白酒企业的主要污染物一般属于二类污染物，在排污企业的排污口进行取样，并进行检测，其主要控制指标的最高允许排放浓度见表3－13，由于白酒企业一般位于远离城市的小镇，酒厂排污可按二级标准的“现有”栏执行。表3－6仅列出几个主要控制指标，其他控制指标及分级标准详见有关专业资料。

表3－6　第二类污染物允许排放浓度　　单位：mg/L

项　目	一级标准		二级标准		三级标准
	新扩改	现有	新扩改	现有	
pH	6～9	6～9	6～9	6～9	6～9
色度（稀释倍数）	50	80	80	100	—
悬浮物	70	100	200	250	400
生物化学需氧量（BOD_5）	30	60	60	80	300
化学需氧量（COD_{cr}）	100	150	150	200	500

二、白酒废水的“防”与“治”

1. 如何搞好白酒企业的环境管理工作

（1）环境管理工作的内容

①组织污染源调查，弄清并掌握污染状况，建立污染源档案，定期开展监测。

②编制环保规划，提出恰当环保目标，与企业生产目标综合平衡，把环保规划纳入企业的生产发展规划中。

③制定便于考核的污染物控制指标、环保设施运转指标等，同生产指标一样进行考核，做好环境指标的有关统计。

④建立各种管理制度，严格控制新污染。

⑤加强基本建设技术措施工程的管理。

⑥积极采取防止污染的新工艺、新技术。

⑦搞好环境教育和技术训练，提高领导及员工的环保意识和技术水平。

（2）环境管理的主要手段

①经济手段：白酒企业在进行环境管理时，采取内部收排污费（结合各车间情况，下达排污控制指标，对不达指标要求的收费），把环境保护列入统一评分及计奖的指标等经济手段。

②技术手段：在制定产品标准、工艺文件、操作规程等过程中将环保要求统一考虑。

③行政手段：将环保列入岗位责任制，纳入生产调度，以督促、检查、批评、表扬、奖励、惩罚行政手段，促使各科室和生产车间直至生产岗位按要求完成环保任务。

④教育手段：开展环保教育，提高职工环保意识，通晓环境质量的变化过程，了解环境保护的意义。

2. 废水污染物的治理

白酒企业的主要污染物是高浓度的有机废水。白酒的生产常采用固态发酵法、半固态发酵法及液态发酵法。在我国大多采用固态发酵法，在蒸馏过程中产生高浓度有机废水——蒸馏锅底水及温度稍高的冷却水。下面主要介绍蒸馏锅底水及冷却水的治理。

（1）锅底水的治理

①成分分析：锅底水主要成分包括蛋白质、焦糖、黑色素、泛酸及其他胶体物质等。其 COD_{cr}：20000 ~ 50000mg/L，BOD：15000 ~ 25000mg/L，SS：5000 ~ 7000mg/L，呈酸性。

②治理方法：锅底水属于高浓度有机废水，排放较多时可以收集起来，采用厌氧消化法进行治理，其一般流程如下：

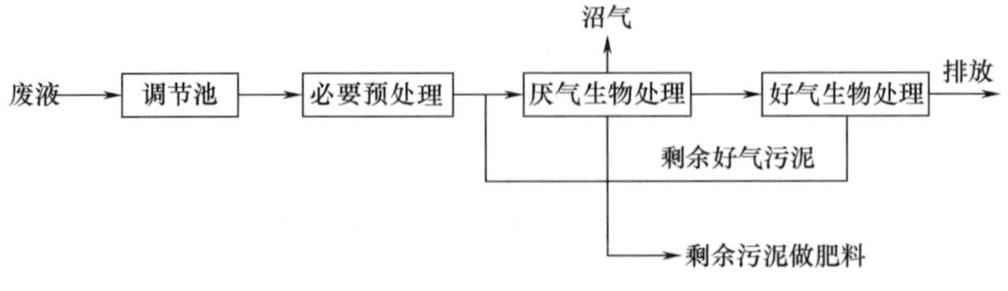

图 3-13 厌氧消化法处理流程

近年来，广泛使用的是厌氧接触消化池，其工艺流程如下：

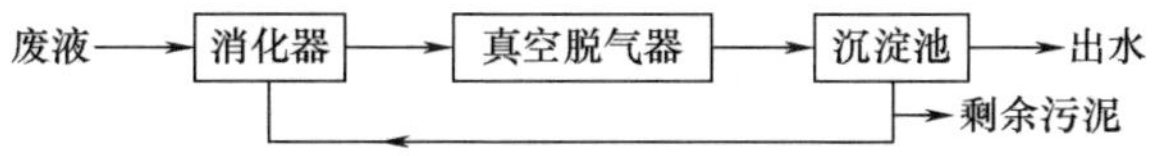

图 3 – 14　厌氧接触消化池法处理流程

还有其他厌氧处理工艺，如，普通消化池、厌氧滤池、上流式厌氧污泥床、两相厌氧消化工艺等。

如果排放口分布较分散，锅底水不易集中收集，则应考虑和其他污染物浓度较低的污泥混合排放，然后在总排放口进行处理。如果污水 BOD 大于 1000mg/L，考虑厌氧生物处理法；当 BOD 小于 1000mg/L，考虑用好氧生物处理法，但污水 BOD/COD 比值应大于 0.45。当污水 BOD 接近于 1000mg/L 时，可采用生物转盘或高负荷生物滤池处理工艺，典型流程图如下所示。

a. 生物转盘处理系统基本工艺流程　见图 3 – 15。

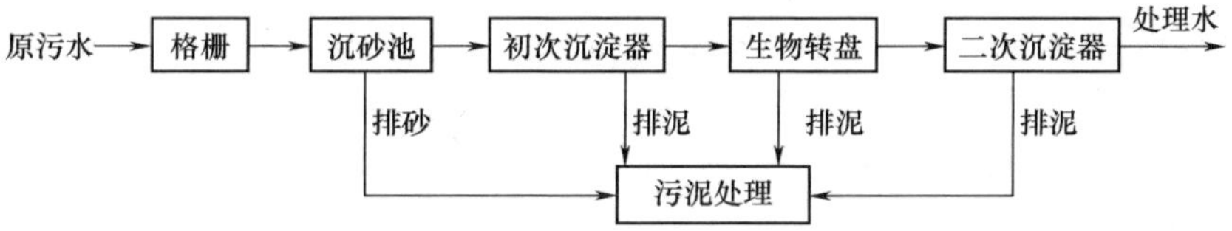

图 3 – 15　生物转盘法处理流程

b. 高负荷生物滤池典型流程　见图 3 – 16。

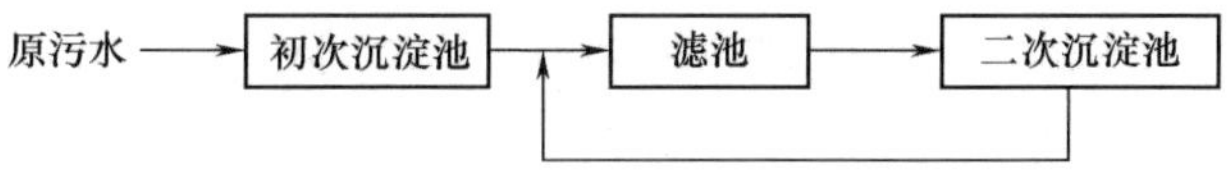

图 3 – 16　高负荷生物滤池处理流程

当原污水浓度较高，且对处理水要求高时，可采用二段滤池处理系统。流程如图 3 – 17 所示。

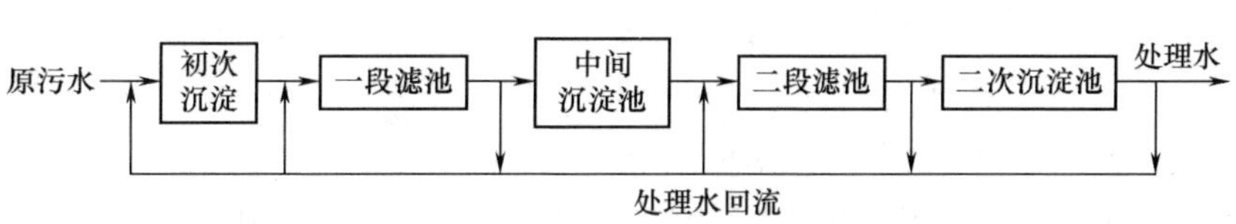

图 3 – 17　二段滤池处理流程

当污水 BOD 值不高（远小于 1000mg/L）时，可采用活性污泥处理工艺，其最基本流程为：

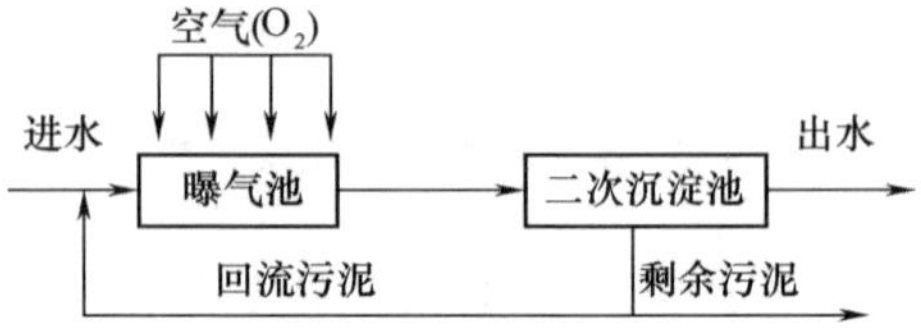

图 3－18　活性污泥处理流程

传统活性污泥法、阶段曝气法、生物吸附法、完全混合法及延时曝气法等都属于这种处理方法，各个不同酒企通过深入调查和反复研究后确立合理工艺。

（2）蒸馏冷却水的处理　白酒企业每天都要使用大量蒸馏冷却水，这部分水使用一次过后，仅温度有所上升，而其他理化指标无多大变化。若直接排放掉，不仅浪费宝贵的水资源，增加总的提水费用，而且还会增加后续处理的费用，所以这部分水需稍加处理后重复利用。图 3－19 所示为冷却水循环利用的典型工艺流程。

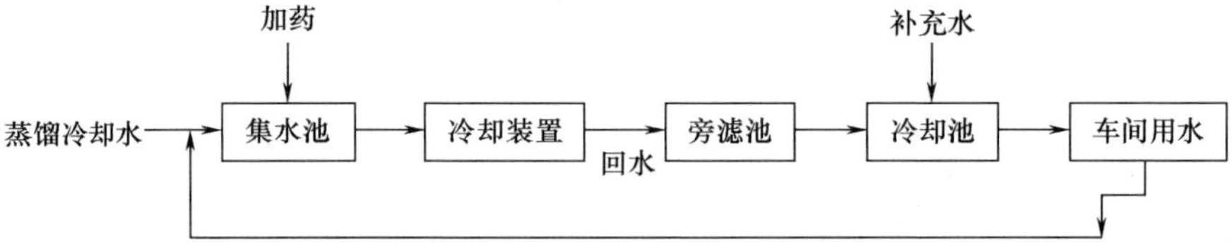

图 3－19　冷却水循环利用法处理流程

冷却水在循环使用过程中，水中悬浮物、硬度、细菌均有所增加，当积累到一定程度时，系统中会结垢——水垢和污垢。为防止结垢，可采用除垢剂（或者静电除垢）和过滤除悬浮物的方法。杀菌可用加氯、臭氧、漂白粉及紫外线消毒等方法。此外，需注意冷却水在循环使用过程中，热交换器及管道会受到不同程度腐蚀，一般会添加缓蚀剂，使金属表面形成一层保护膜，从而防止和减少腐蚀。总之，各个厂要根据各企业实际情况选择合适方法除垢、杀菌、防腐蚀及除悬浮物。

此外，白酒生产过程中的其他废水，如酒糟液和白酒窖池底部产生的黄水，可用于生产腐殖酸磷铵肥料。在这些废液中加一定比例的氨水，充分混合反应，将沉淀物干化可得固体腐殖酸磷铵。另外在废水处理过程中产生的剩余污泥，经杀菌消毒后可直接用作农作物肥料，有的污水、污泥在厌氧消化过程中还可产生沼气，可作为能源物质。

总之，各企业应采取较成熟的废水处理工艺，对废水进行综合治理和利用，做到做大限度地利用废水污染物和保护环境。

思考与练习

1. 写出水污染的主要污染物。
2. 列出水污染的主要防治措施。

拓展阅读

世界环境污染最著名的事件

一、北美死湖事件

美国东北部和加拿大东南部是西半球工业最发达的地区，每年向大气中排放二氧化硫2500万t。其中约有380万t由美国飘到加拿大，100万t由加拿大飘到美国。20世纪70年代开始，这些地区出现了大面积酸雨区。美国受酸雨影响的水域达3.6万km^2，23个州的17059个湖泊有9400个酸化变质。最强的酸性雨降在弗吉尼亚州，pH1.4。纽约州阿迪龙达克山区，1930年只有4%的湖无鱼，1975年近50%的湖泊无鱼，其中200个是死湖，听不见蛙声，死一般寂静。加拿大受酸雨影响的水域5.2万km^2，5000多个湖泊明显酸化。多伦多1979年平均降水pH3.5，比番茄汁还要酸，安大略省萨德伯里周围1500多个湖泊池塘漂浮死鱼，湖滨树木枯萎。

二、库巴唐“死亡谷”事件

巴西圣保罗以南60km的库巴唐市，20世纪80年代以“死亡之谷”知名于世。该市位于山谷之中，60年代引进炼油、石化、炼铁等外资企业300多家，人口剧增至15万人，成为圣保罗的工业卫星城。企业主只顾赚钱，随意排放废气废水，谷地浓烟弥漫、臭水横流，有20%的人得了呼吸道过敏症，医院挤满了接受吸氧治疗的儿童和老人，使2万多贫民窟居民严重受害。

1984年2月25日，一条输油管破裂，10万gal油熊熊燃烧，烧死百余人，烧伤400多人。1985年1月26日，一家化肥厂泄漏50t氨气，30人中毒，8000人撤离。市郊60km^2森林陆续枯死，山岭光秃，遇雨便滑坡，大片贫民窟被摧毁。

项目四　固体废弃物污染的防治

任务实施

任务一　固体废弃物污染及主要污染物的识别

一、固体废弃物的来源

固体废弃物主要来源于人类的生产和消费活动。人们在资源开发和产品制造过程中，必然有废物产生，任何产品经过使用和消费后，也都会变成废物。

表4－1所示为从各类发生源产生的主要固体废弃物。

表4－1　固体废弃物种类、组成及其来源

废弃物种类	主要组成	来源
生活垃圾	纸屑、木屑、废塑胶、废皮革、包装废弃物、灰烬等	家庭、餐厅、市场、食堂、宾馆、机关、学校、商店
	保洁垃圾	户外空地、水域
餐厨垃圾	厨余垃圾（准备、烹调与膳后的废弃物，菜市场有机废弃物）	家庭、农贸市场与超市
	餐饮垃圾（泔水、剩饭剩菜等）	餐饮业、规模非营利食堂
	食品废弃物（食品储存、加工、销售、消费过程的过期食品、腐变食品等）	食品及其半成品经营企业、家庭、餐饮业、规模非营利食堂
大件垃圾	大件家具、电器	家庭、餐厅、市场、食堂、机关、学校、商店

续表

废弃物种类	主要组成	来源
建筑废弃物	工程拆除物（拆除建筑物或工程的木材、钢材、混凝土、砖、石块、下挖土及其他）、营建废料（木材、钢材及其他营建的废料）	拆建场地、新建工程、装修
城镇水和污水处理厂污泥	筛除物、沉砂、浮渣、污泥	净水厂、污水厂
绿化垃圾	枝叶花草	住宅区、商业区、户外空地、水域、工业区、农业区
粪渣	粪便及其残余物	粪坑、化粪池
动物尸骸	鸡、鸭、猫、狗、猪、牛、羊、马等尸骸	家庭、养殖场、户外空地水域
医疗垃圾	废注射器、伤口包扎物、带血废物	医院、门诊、科研机构
电子垃圾	冰箱、空调、洗衣机、电视机、计算机、手机、废电子元器件	家庭、餐厅、市场、商店、学校、机关、电子电器工厂
废弃车辆	汽车等机动车、脚踏车	家庭、企事业单位
工业废弃物	废渣、废屑、废塑胶、废弃化学品、污泥、尾矿、包装废弃物	各类工业、矿厂、火力电厂
农业废弃物	农资废弃物、农作物废弃物	田野、农场、林场、禽畜养殖场、牛奶场、牧场

二、固体废弃物的分类

固体废弃物分类方法很多，按组成可分为有机废弃物和无机废弃物；按形态可分为固体（块状、粒状、粉状）的和泥状（污泥）的废弃物；按来源可分为工业废弃物、矿业废弃物、城市垃圾、农业废弃物和放射性废弃物；按其危害状况可分为有害废弃物和一般废弃物，但较多的是按来源分类。

根据废弃物来源，固体废弃物分为工业固体废弃物、生活废弃物、农业固体废弃物、放射性固体废弃物。

1. 工业固体废弃物

工业固体废弃物是指工业生产活动（包括科研）中产生的固体废弃物，包括工业废渣、废屑、污泥、尾矿等废弃物。

工业废渣主要包括：

（1）冶金废渣　金属冶炼过程中或冶炼后排出的所有残渣废物，比如有高炉矿渣、钢渣、有色金属渣、粉尘、污泥、废屑等。

冶金废渣占工业废渣很大比例。仅以钢铁厂为例，每炼 1t 生铁产生 300～900kg 高炉矿渣，每炼 1t 钢产生 200～300kg 钢渣。这样大量的炉渣从体积上看，等于钢铁产量所占体积的四倍之多。我国每年排放的冶金废渣达 3800 多万 t。

（2）采矿废渣　在各种矿石、煤炭的开采过程中产生的矿渣数量是极其庞大的，包括的范围很广，有矿山的剥离废渣、掘进废石、各种尾矿等。例如每采 1t 原煤要排煤矸石 0.2t 左右，若包括掘进矸石，则平均产矸石 1t。矿石精选精矿粉后，剩余的废渣称为尾矿，每选 1t 精矿粉要产生 0.5～1.0t 尾矿。我国每年排放的煤矸石达 1.1 亿 t，金属尾矿 1 亿 t。

（3）燃料废渣　主要是工业锅炉，特别是燃煤的火力发电厂排出大量粉煤灰和煤渣。每 1 万 kW 发电机组每年的灰渣量为 0.9～1.0 万 t。我国每年排放的粉煤灰和煤渣达 1.15 亿 t。

（4）化工废渣　化学工业生产中排出的工业废渣主要包括电石渣、碱渣、磷渣、盐泥、铬渣、废催化剂、绝热材料、废塑料、油泥等。这类废渣往往含大量的有毒物质，对环境的危害极大。

我国每年排放的化工废渣达 1700 多万 t。

2. 生活废弃物

生活废弃物是指在日常生活中或者为日常生活提供服务的活动中产生的固体废弃物，由日常生活垃圾和保洁垃圾、商业垃圾、医疗服务垃圾、城镇污水处理厂污泥、文化娱乐业垃圾等组成。城市生活垃圾是生活废弃物的主要组成部分。

城市生活垃圾主要有：

（1）生活垃圾　生活垃圾主要包括在日常生活中废弃的电器、塑料、煤灰渣等。

（2）城建渣土　建材生产中排出的废渣有：水泥、黏土、玻璃废渣、砂石、陶瓷、纤维废渣等。在工业固体废弃物中，还包括机械工业的金属切削物、型砂等。我国每年排放的这些废渣达 1.3 亿 t。

（3）商业固体废弃物　主要为废弃的包装材料、丢弃的食品等，每年约 800 万 t。

（4）粪便　主要为城市居民、农村居民生活排遗。

图 4－1 所示为垃圾的分类处理情况。

3. 农业固体废弃物

农业固体废弃物是指农业生产活动中产生的固体废弃物，包括种植业、林

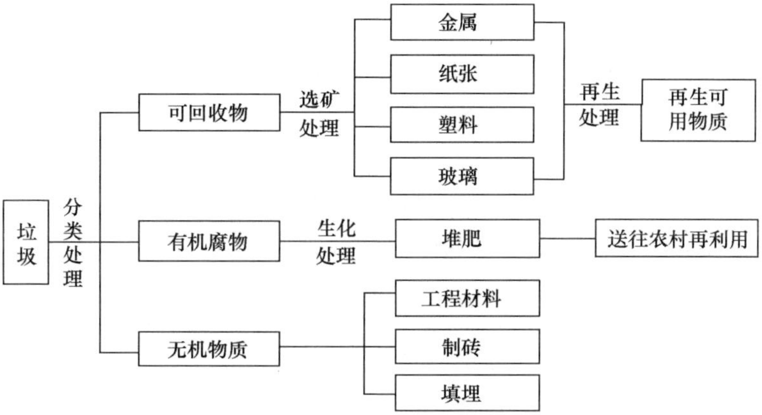

图 4 - 1　垃圾的分类处理

业、畜牧业、渔业、副业五种农业产业产生的废弃物。

4. 放射性固体废弃物

放射性固体废弃物包括核燃料生产、加工，同位素应用，核电站、核研究机构、医疗单位、放射性废弃物处理设施产生的废物。如尾矿、污染的废旧设备、仪器、防护用品、废树脂、水处理污泥以及蒸发残渣等。

图 4 - 2 所示为固体废弃物与人类疾病的关系。

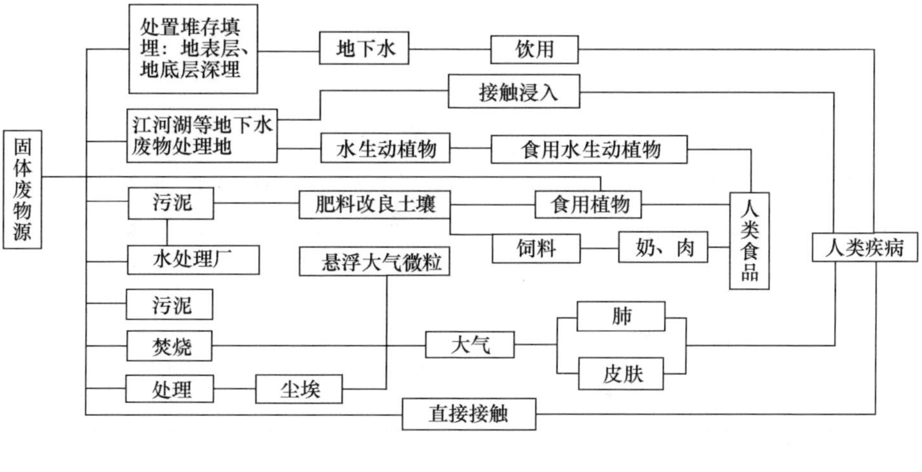

图 4 - 2　固体废弃物与人类疾病的关系

三、危害

1. 侵占土地

我国历年堆存的废渣和尾矿达60亿t，占地约59万亩，平均每1万t渣占1亩地，侵占大量农田，与农业争地问题十分突出。

2. 污染水体

水体的污染主要表现在以下几方面：

（1）淤塞水域　不少国家直接将固体废弃物倾倒入河流、湖泊、海洋，甚至把向海洋投弃作为一种处置方法。美国20世纪70年代末将15%的污泥等固体废弃物投弃于海洋。中国由于向水体投弃固体废弃物，导致20世纪80年代的江湖水面比50年代减少了2000多万亩。

（2）破坏水体　固体废弃物投入水体，污染水质，直接影响和危害水生生物的生存和水资源的利用。堆积的固体废弃物，经过雨水浸淋及自身的分解，渗出液和滤液亦会污染江河、湖泊，甚至污染地下水。废渣对水域的污染，以冶炼废渣和化工废渣最为突出，目前世界上的原子能反应堆的废渣及向深海投弃的放射性废物已严重地污染了海洋。

3. 污染大气

大气的污染主要表现在以下几方面：

（1）废物中的微粒与粉末能随风飞扬，使道路的能见度下降。

（2）废渣和垃圾在堆放过程中，在周围温度、水分的作用下，使某些有机物质发生分解，产生有害气体和腐败的垃圾废弃物散发出的腥臭味，可对空气造成污染。

（3）有害物质本身还会散发大量毒气，使大气受到严重污染。

4. 影响环境卫生，传播疾病

由于人口剧增，使垃圾排放量也大大增加，若未经过处理直接排入周围环境，则易造成环境污染（病菌、病毒、蚊、蝇等）。1983年夏季贵阳市哈马井和望城坡垃圾堆放场所在地区同时发生痢疾流行，其原因是地下水被垃圾场渗透液污染，大肠杆菌超过饮用水标准770倍以上，含菌量超标2600倍。

四、我国固体废弃物污染现状

1. 中国城市生活垃圾污染现状

（1）污染生活环境　垃圾露天堆放，大量氨、硫化物等有害气体释放，严重污染了大气和城市的生活环境。

（2）严重污染水体　垃圾不但含有病原微生物，在堆放腐败过程中还会产生大量的酸性和碱性有机污染物，并会将垃圾中的重金属溶解出来，形成有机物质、重金属和病原微生物三位一体的污染源，雨水淋入产生的渗滤液必然会造成地表水和地下水的严重污染。

（3）生物性污染　垃圾中有许多致病微生物，同时垃圾往往是蚊、蝇、蟑螂和老鼠的孳生地，这些必然危害着广大市民的身体健康。

（4）侵占大量土地　目前全国1/3以上的城市面临垃圾困局。除县城之外的600多个城市中，有2/3的城市处于垃圾包围之中。全国城市垃圾堆存累计侵占土地超过5亿m^2，每年的经济损失高达300亿元。

（5）垃圾爆炸事故不断发生　随着城市中有机物含量的提高和由露天分散堆放变为集中堆存，只采用简单覆盖易造成产生甲烷气体的厌氧环境，易燃易爆。

2. 中国有害化学固体废弃物污染现状

有害固体废弃物长期堆存，经过雨雪淋溶，可溶成分随水从地表向下渗透，向土壤迁移转化，富集有害物质，使堆场附近土质酸化、碱化、硬化，甚至发生重金属型污染。例如，一般的有色金属冶炼厂附近的土壤里，铅含量为正常土壤中含量的10~40倍，铜含量为5~200倍，锌含量为5~50倍。这些有毒物质一方面通过土壤进入水体，另一方面在土壤中发生积累而被植物吸收，毒害农作物。

3. 中国白色污染现状

我国是世界上十大塑料制品生产和消费国之一。2012年我国塑料制品规模以上企业总产量达5781万t，工业总产值近1.7万亿元。目前塑料制品加工业成为我国轻工业第一大行业，中国已成为世界上最大的塑料制品生产和消费国家。包装用塑料的大部分以废旧薄膜、塑料袋和泡沫塑料餐具的形式，被丢弃在环境中。这些废旧塑料包装物散落在市区、风景旅游区、水体、道路两侧，不仅影响景观，造成“视觉污染”，而且因其难以降解对生态环境造成潜在危害。

任务二　固体废弃物污染的综合防治

固体废弃物是指在生产建设、日常生活和其他活动中产生的污染环境的固态、半固态废弃物质。我国生活废弃物主要通过填埋、焚烧、堆肥等方式进行处理或处置，因此，也带来了占用农田、污染大气、地表水、地下水和土壤环境等大量的环境问题。

人类活动产生固体废弃物的主要原因：

（1）人类认识能力限制，导致自然环境破坏，如水土流失、森林枯死等。

（2）规划水平、设计水平、制造水平、管理水平等限制，导致资源浪费，如机加工边角边料、不合格产品等。

(3) 物质变化规律限制，导致物品、物质功能的演变，如甘蔗渣、炉渣、尾矿等生产过程的副产品、报废产品、腐变食物等。

(4) 追求自利无限化、虚荣心等心理限制，导致资源浪费，如过度包装等。

一、固体废弃物的性质

1. 资源和废物的相对性

产品的生命周期中，生产使用过程中会产生废弃物，而产品使用和消耗后，再好的产品也会变成废弃物。固体废弃物具有鲜明的时间和空间特征，是错误时间放在错误地点的资源。

2. 富集终态和污染源头的双重作用

废弃物既是各种污染物的终态，又是各种污染的源头。

3. 危害具有潜在性、长期性和灾难性

污染成分的迁移转化，如浸出液在土壤中的迁移，是一个十分缓慢的过程，其危害可能在数年以至数十年后才能发现。

4. 固体废弃物呆滞性大，扩散性小

5. 固体废弃物品种繁多，数量巨大

目前我国的固体废弃物主要集中在煤炭、电力、化工和冶金四大部门，数量约占总体的70%左右。

二、固体废弃物的处理方法

固体废弃物处理是指通过物理、化学、生物等不同方法，使固体废弃物适于运输、贮存、资源化利用，以及最终处置的过程。

固体废弃物的物理处理法包括破碎、分选、沉淀、过滤、离心分离等处理方式；化学处理包括热解、固化等处理方式；生物处理包括厌氧发酵、堆肥处理等方式。

固体废弃物处置是指固体废弃物的最终处理，目的在于给予固体废弃物一个最终的归宿。例如，焚烧、综合利用、卫生填埋、安全填埋等。

1. 物理处理法

(1) 压实　压实是一种通过对废物实行减容化，降低运输成本、延长填埋场寿命的预处理技术。压实是一种普遍采用的固体废弃物预处理方法。如汽车、易拉罐、塑料瓶等通常首先采用压实处理。适于压实减少体积处理的固体废弃物还有垃圾、松散废物、纸带、纸箱及某些纤维制品等。对于那些可能使压实设备损坏的废弃物不宜采用压实处理，某些可能引起操作问题的废弃物，如焦油、污泥或液体物料，一般也不宜做压实处理。

（2）固体废弃物破碎　固体废弃物的最大特点是体积庞大，成分复杂且不均匀，因此对固体废弃物进行破碎处理显得极为重要。破碎是通过人力或机械等外力的作用，破坏物体内部的凝聚力和分子间作用力而使物体破裂变碎的操作过程。

（3）固体废弃物的分选　一种是固体废弃物分选是实现固体废弃物资源化、减量化的重要手段，通过分选将有用的物质充分选出来加以利用，将有害的物质充分分离出来；另一种是将不同粒度级别的废弃物加以分离。分选的基本原理是利用物料某些性质方面的差异，将其分选开。例如利用废弃物中的磁性和非磁性差别进行分离；利用粒径尺寸差别进行分离；利用相对密度差别进行分离等。根据不同性质，可以设计制造各种机械对固体废弃物进行分选。

分选包括手工捡选、筛选、重力分选、磁力分选、涡电流分选、光学分选等。

2. 化学处理法

（1）固体废弃物的热解　热解是利用有机物的热不稳定性，在无氧或缺氧条件下对之进行加热蒸馏，使有机物产生热裂解，生成小分子物质和固体残渣的不可逆的过程。通过对其进行热解处理，可以把固体废弃物的消极处理转变为积极的回收利用，从而把当今各国发展所遇到的两个共同难题——固体废弃物产量大和能源不足有机地协调起来。

（2）固化/稳定化　固化是指利用惰性基材（固化剂）与废弃物完全混合，使其生成结构完整、具有一定尺寸和机械强度的块状密实体（固化体）的过程。稳定化是指利用化学添加剂等技术手段，改变废弃物中有毒有害组分的赋存状态或化学组成形式，以降低毒性、溶解性和迁移性的过程。固化稳定化技术是处理重金属废物和其他非金属危险废物的重要手段，是危险废物管理中的一项重要技术，在区域性集中管理系统中占有重要的地位。

3. 生物处理法

（1）厌氧发酵　厌氧发酵从生物学的角度来讲，一部分是指在没有外加氧化剂的条件下，被分解的有机物作为还原剂被氧化，而另一部分有机物作为氧化剂被还原的生物学过程。厌氧发酵是一种普遍存在于自然界的微生物过程。凡是在有机物和一定水分存在的地方，只要供氧条件不好或有机物含量多，都会发生厌氧发酵现象，使有机物经厌氧分解而产生 H_2、CH_4、CO_2和 H_2S 等气体。

从环境污染治理的角度来说，发酵技术是指以废水或固体废弃物中的有机污染物为营养源，创造有利于微生物生长繁殖的良好环境，利用微生物的异化分解和同化合成的生理功能，使得这些有机污染物转化为无机物质和自身的细胞物质，从而达到消除污染、净化环境的目的。

（2）堆肥化　堆肥化就是利用自然界广泛分布的细菌、放线菌、真菌等微生物，以及由人工培养的工程菌等，在一定的人工条件下，有控制地将有机固体废弃物进行生物稳定作用，使可被生物降解的有机物转化为稳定的腐殖质的生物化学过程。固体废弃物经过堆肥化处理，制得的成品称为堆肥。它是一类呈深褐色、质地疏松、有泥土气味的物质，形同泥炭，腐殖质含量很高，故也称为“腐殖土”，是一种具有一定肥效的土壤改良剂和调节剂。

三、固体废弃物处理原则

在国际上，固体废弃物的管理技术大约经历了30年的发展历程，已经从理论上和实践上确立了对固体废弃物，尤其是对危险性固体废弃物处理的原则。

1. “三化”原则

三化原则即资源化、无害化、减量化。

资源化采取工艺措施从固体废弃物中回收有用的物质和能源，是固体废弃物的主要归属。产品生产过程中，最终产品仅占原料的20%～30%，近80%的资源成为废物，同时由于其成品性质，使得开发利用固体废弃物有其可行性。

无害化是将固体废弃物通过工程处理，达到不损害人体健康，不污染周围环境的目的。如垃圾的焚烧、卫生填埋、堆肥化、热处理等。在无害化处理过程中应该注意环境效应和经济效应。

减量化是通过适宜的手段减少和减小固体废弃物的数量和容积。对固体废弃物进行处理利用，属于末端处理，即固体废弃物的综合利用。如焚烧可以使体积减少80%～90%。减少固体废弃物的产生，属于生产过程的前端处理，从资源的综合开发和生产过程中物质的综合利用着手。

资源化是以无害化为前提，无害化和减量化以资源化为条件，我国固体废弃物处理利用的发展趋势是从无害化走向资源化。

2. 全过程管理原则

全过程管理原则是指从固体废弃物的产生、收集、运输、贮存、资源化、处理直至最终处置整个过程。

按照全过程管理的原则，固体废弃物从产生到最终处置的每个环节都要实行监督管理，固体废弃物的转移跟踪管理技术即是体现这一管理原则的重要组成部分。

任务三　酒糟的综合利用

近几年，我国白酒年产量约为500万t，酒糟的年产量约为1500万t。充分而有效地对酒糟加以综合利用，既可减轻环境污染，又可以节约粮食、降低生产成本。

白酒糟中含有丰富的蛋白质和18种氨基酸，说明白酒糟营养极其丰富。白酒糟中还含有丰富的磷、钾等无机元素及维生素等成分（表4－2）。此外，还可能存在由微生物菌体产生的核糖核酸及嘌呤等微量有益成分，所有这些是谷物所不能比拟的，这是酒糟饲料营养成分有别于粮食的重要特征。综合来看，酒糟作为饲料开发再利用具有得天独厚的条件。

表4－2　白酒酒糟成分　单位:%

项目	鲜糟	干糟
水分	61.05	7.59
粗淀粉	8.52	—
粗蛋白	6.99	16.78
无氮浸出物	18.77	41.68
干物质	38.16	89.45
粗脂肪	2.53	6.98
粗纤维	10.46	21.02
灰分	4.81	9.53
总酸	2.51	—
挥发酸	0.16	—
总糖	0.05	—
磷	0.15	0.25
钙	0.15	0.50

一、用作饲料

1. 直接用作家畜饲料

作为白酒的副产品，酒糟是很好的饲料，营养成分极高，有利于畜禽生长。把固态白酒糟分离稻壳干燥或晒干后，再与其他原料配合生产不同品种的饲料。这是中国轻工总会于1997年8月发布的酿酒工业环境保护行业政策、技术对策和污染防治对策提倡推广的技术之一。

现在全国一年的饲料用粮占全国粮食总产量的23%左右，白酒酿造行业每年耗粮达2000多万t，而酒糟生产干饲料所节省的饲料用粮，相当于酿酒用粮的30%。一个年产万吨的白酒厂年产酒糟3万t，可生产干饲料7000t，节省的饲料用粮相当于酿酒耗粮的30%。一个年产万吨的酒糟加工饲料厂，每年可为国家节省饲料粮万吨以上。

2. 糟渣发酵蛋白饲料

以酿造糟渣和屠畜鲜血为原料，采用微生物发酵法生产，粗蛋白含量可达35%以上，并含有17种氨基酸，其气味纯正，适口性好，完全达到国家蛋白饲料的质量标准。饲喂试验表明，合理添加糟渣蛋白饲料，能提高畜禽的采食量，增重快，产蛋率高，用以代替相应常规蛋白饲料完全可行。

3. 饲料添加剂

白酒糟可作为家畜饲料饲养的添加剂使用，而且酒糟中含有大量的生育酚（维生素E）。实验表明，以酒糟为饲料添加剂饲养的猪肉中，维生素E含量增加了23倍，并且由于维生素E的抗氧化作用，可减缓保藏过程中猪肉的脂肪氧化。

4. 青贮酒糟饲料

据有关资料报道，鲜酒糟与秕谷或其他碾碎粗料混合，进行青贮（即在嫌气的环境中，让乳酸菌大量繁殖，从而将饲料中的淀粉和可溶性糖变成乳酸，当乳酸积累到一定程度后，便会抑制腐败菌的生长，从而把含水量高的饲料养分长时间保存下来），混合比例3∶1为宜，含水量在70%左右，饲喂青贮酒糟时，加石灰水中和其中的酸（100kg糟加100～140g石灰），其营养价值较鲜酒糟高。

5. 生产粗酶制剂

酶制剂是继单细胞蛋白饲料、活性饲料酵母之后的又一种微生物制剂。采用三级培养固体浅层发酵生产的这种酶制剂，合理使用可提高饲料营养成分利用率，降低饲料成本和减轻畜禽粪便造成的环境污染。利用酒糟为原料，改进固体发酵，生产低成本饲用酶制剂，为我国酶制剂工业又探索出一条新途径。

过去我国生产的饲料几乎全部是配合饲料，料肉产出比不高。目前，世界发达国家正致力于发酵饲料的研究，配合饲料正向微生物发酵饲料的方向发展。通过微生物发酵不但可以提高蛋白含量，解决蛋白资源匮乏的问题，而且能够改变饲料中蛋白质结构、氨基酸比例，可以将无机氮、植物蛋白转化为菌体蛋白。发酵后大量微生物菌体繁殖，菌体中含有丰富的维生素和生物活性物质，如维生素A，维生素D，维生素E，维生素B_1，维生素B_2，维生素B_6，维生素B_{12}，硫胺素、泛酸、叶酸、维生素C，维生素K，胆碱、生物素、肌醇、烟酸、麦角甾醇、辅酶A、卵磷脂、细胞色素C、谷胱甘肽等，这些物质是动物生理代谢不可缺乏的物质，虽然需要量不大，但生理作用极其重要。

发酵后饲料中含有丰富的维生素、多种微生物酶、生物活性物质及生长调节剂，蛋白质含量高，动物容易吸收，营养平衡，解决了目前配合饲料中营养水平低、吸收效率不高的问题。利用酒糟作为原料载体，采用多菌种混合固态发酵的技术，使生产成本大大降低，是适合我国生产高蛋白菌体饲料的有效途径，同时也给众多的酒厂酒糟的综合利用、提高酒糟饲料的质量开辟了一条新路。

二、用于土壤改良

我国酿酒行业产生的糟液，基本上是直接排放。由于这种废水呈酸性，积存中耗氧量巨大，因而对空气和地表水的污染是国内最重大的环境问题之一。

有资料显示：用小麦、糜子、玉米等多种农作物，经过近 2 年的室内和田间试验，证明把适当发酵的糟液施入盐碱地，可降低土壤 pH，培肥地力，作物长势明显变好，植物平均增高 73% ~13.7%，产量提高 43.1% ~60.1%，而且品质变佳。这一探索开辟了消除治理难度极大的污染源和改良盐碱地的双向新途径。

三、生产食用菌

随着食用菌生产规模的发展和栽培原料价格的不断上涨，食用菌生产成本提高，而利用酒糟进行食用菌的培养，既可以提高酒糟的利用价值，又可以降低食用菌的生产成本，并且能够大规模地进行生产。

四、作为培养基成分

日本古田等人研究了酒糟对肠道细菌的影响，证明添加酒糟可促进乳酸菌、双歧乳酸杆菌增殖；随后后藤等人证实酒糟可作为各种微生物培养基。

此外，还可以在酒糟中添加尿素和稀土饲养肥肉牛；将酒糟和玉米秸粉混合物进行尿素氨化处理，再结合添加剂等制成颗粒饲料饲养肥绵羊；利用酒糟培养家蝇幼虫，蛋白质转化率达 64.37%，为进一步分离纯化蝇蛆抗菌物质打下了基础。

另外，白酒糟还可应用于食品工业，作为健康食品的生产原料。

我国的畜牧养殖业与世界发达国家相比远远落后，饲料工业更不可同日而语。由于饲料工业落后，必然制约畜牧业的发展。据统计，世界上配合饲料年产量约 7 亿 t，发酵饲料约 2500 万 t。我国每年需要饲料量约 6000 万 t 以上，而发酵饲料仅为几万吨。虽说是发酵饲料，但技术水平和产品质量都比较低。因此开辟饲料新资源，调整饲料生产结构，提高饲料资源的利用率，开发菌体高蛋白饲料等已成为我国饲料工业发展的必然趋势。

要满足畜牧业发展的需要，科学合理有效地开发利用饲料资源就显得尤为重要。我国是一个酿造大国，各种酒糟资源丰富，合理有效地开发利用它，将弥补我国饲料资源不足的现状，推动我国畜牧业的发展。

思考与练习

1. 写出固体物污染的主要污染物。
2. 写出固体物污染的主要防治方法。

拓展阅读

可持续发展理论

一、可持续发展理论的产生

20世纪60年代以前的报纸或书刊几乎找不到“环境保护”这个词，也就是说环境保护在那时并不是一个存在于社会意识和科学讨论中的概念。直至海洋生物学家蕾切尔·卡逊出版了《寂静的春天》，人们才意识到环境问题的存在。该著作讨论了杀虫剂DDT的危害，DDT破坏了从浮游生物到鱼类到鸟类直至人类的生物链，使人患上慢性白血球增多症和各种癌症。蕾切尔认为所谓的“控制自然”是一个愚蠢的提法，那是生物学和哲学尚处于幼稚阶段的产物。

《寂静的春天》引起了公众对环境问题的注意，各种环境保护组织纷纷成立，环境保护问题提到了各国政府面前，从而促使联合国于1972年6月12日在瑞典斯德哥尔摩召开了“人类环境大会”，并由各国签署了“人类环境宣言”，环境保护事业由此开始。

由欧美学术界、企业界、政界人士组成的未来学研究机构——罗马俱乐部，首先将“全球问题”研究称作“人类困境研究”。1972年，罗马俱乐部的报告《增长的极限》出版，再次表达了自然平衡的思想，才使人们对人类与自然共同生存的问题重新进行思考，并从“自然平衡”进一步引发出更加积极的“可持续发展”理论。同年，世界环境大会于瑞典斯德哥尔摩召开，提出了“合乎环境要求的发展”“无破坏情况下的发展”“生态的发展”“连续的或持续的发展”等关于发展的概念。在以后的有关会议和文件中，逐渐选定了“可持续发展”的提法。

1987年联合国环境与发展委员会在其学术报告《共同的未来》中对“可持续发展”做出明确的界定，定义为“既满足当代人的需要，又不对后代人满足其需要的能力构成危害的发展”；并提出了“今天的人类不应以牺牲今后几代人的幸福而满足其需要”的总原则，从此“可持续发展”开始广泛使用。

1994 年联合国计划开发署提出了可持续人类发展的新概念，将可持续发展的概念进一步拓展到了社会领域。

二、可持续发展的内涵及思想

可持续发展战略作为一个全新的理论体系，正在逐步形成和完善，其内涵与实质也引起了全球范围的广泛关注和探讨。各个学科从各自的角度对可持续发展进行了不同的阐述，至今尚未形成比较一致的定义和公认的理论模式。尽管如此，其基本含义和思想内涵却是相一致的。

1. 可持续发展的定义

完整的可持续发展是指人与人之间、人与自然之间的互利共生、协同进化和发展。

可持续发展是使经济、社会、科技、人口、资源，环境相互协调、持续不断的发展，把发展的负面效应和代价减到最低程度，使地球的资源和环境不致遭到严重破坏，既达到发展经济的目的，又保持人类赖以生存的自然资源和环境，既满足当代人的需求，又能使子孙后代安居乐业、继续发展的新的发展方式。

2. 可持续发展战略的基本思想

可持续发展战略的基本思想主要包括以下三个方面：

（1）可持续发展鼓励经济增长　可持续发展不仅要重视经济增长的数量，更要追求经济增长的质量。数量的增长是有限的，而依靠科学技术进步，提高经济活动中的效益和质量，采取科学的经济增长方式才是可持续的。因此，可持续发展要求重新审视如何实现经济增长。要达到具有可持续意义的经济增长，必须审计使用能源和原料的方式，改变传统的以“高投入、高消耗、高污染”为特征的生产模式和消费模式，实施清洁生产和文明消费，从而减少每单位经济活动造成的环境压力。

（2）可持续发展的标志是资源的永续利用和良好的生态环境　经济和社会发展不能超越资源和环境的承载能力。可持续发展以自然资源为基础，同生态环境相协调。它要求在严格控制人口增长、提高人口素质和保护环境、资源永续利用的条件下，进行经济建设、保证以可持续的方式使用自然资源和环境成本，使人类的发展控制在地球的承载力之内。要实现可持续发展，必须使自然资源的耗竭速率低于资源的再生速率，必须通过转变发展模式，从根本上解决环境问题。

（3）可持续发展的目标是谋求社会的全面进步　发展不仅仅是经济问题，单纯追求产值的经济增长不能体现发展的内涵。在人类可持续发展系统中，经济发展是基础，自然生态保护是条件，社会进步才是目的。而这三者又是一个相互影响的综合体，只要社会在每一个时间段内都能保持与经济、资源和环境的协调，这个社会就符合可持续发展的要求。显然，在新的世纪里，人类共同追求的目标，是以人为本的自然—经济—社会复合系统的持续、稳定、健康的发展。

附录　白酒企业安全生产标准化评定标准

自评/评审单位：________________

自评/评审时间：从______年_____月_____日到______年_____月_____日

自评/评审组组长：____________　　自评/评审组主要成员：________________

考评类目	考评项目	考评内容	标准分值	考评办法	自评/评审描述	空项	实际得分
1. 安全生产目标	1.1 目标	建立安全生产目标的管理制度，明确目标与指标的制定、分解、实施、考核等环节内容。	2	无该项制度的，不得分；未以文件形式发布生效的，不得分；安全生产目标管理制度缺少制定、分解、实施、绩效考核等任一环节内容的，扣1分；未能明确相应环节的责任部门或责任人相应责任的，扣1分。			
		按照安全生产目标管理制度的规定，制定文件化的年度安全生产目标与指标。	2	无年度安全生产目标与指标的，不得分；安全生产目标与指标未以企业正式文件印发的，不得分。			
	1.2 监测与考核	根据所属基层单位和部门在安全生产中的职能，分解年度安全生产目标与指标，并制定实施计划和考核办法。	2	无年度安全生产目标与指标分解的，不得分；无实施计划或考核办法的，不得分；实施计划无针对性的，不得分；缺一个基层单位和职能部门的指标实施计划或考核办法的，扣1分。			
		按照制度规定，对安全生产目标和指标实施计划的执行情况进行监测，并保存有关监测记录资料。	2	无安全目标与指标实施情况的检查或监测记录的，不得分；检查和监测不符合制度规定的，扣1分；检查和监测资料不齐全的，扣1分。			

续表

考评类目	考评项目	考评内容	标准分值	考评办法	自评/评审描述	空项	实际得分
1. 安全生产目标	1.2 监测与考核	定期对安全生产目标的完成效果进行评估和考核，根据考核评估结果，及时调整安全生产目标和指标的实施计划。 评估结果、实施计划的调整、修改记录应形成文件并加以保存。	2	未定期进行效果评估和考核的，不得分；未及时调整实施计划的，不得分；调整后的目标与指标以及实施计划未以文件形式颁发的，扣1分；记录资料保存不齐全的，扣1分。			
小计			**10**	**得分小计**			
2. 组织机构和职责	2.1 组织机构和人员	按规定设置安全管理机构或配备安全管理人员。	4	未设置或配备的，不得分；未以文件形式进行设置或任命的，不得分；设置或配备不符合规定的，每处扣1分；扣满4分的，追加扣除10分。			
		根据有关规定和企业实际，设立安全生产领导机构。	3	未设立的，不得分；未以文件形式任命的，扣1分；成员未包括主要负责人、部门负责人等相关人员的，扣1分。			
		安全生产领导机构每季度应至少召开一次安全专题会，协调解决安全生产问题。会议纪要中应有工作要求并保存。	3	未定期召开安全专题会的，不得分；无会议记录的，扣2分；未跟踪上次会议工作要求的落实情况的或未制订新的工作要求的，不得分；有未完成项且无整改措施的，每一项扣1分。			
	2.2 职责	建立、健全安全生产责任制，并对落实情况进行考核。	4	未建立安全生产责任制的，不得分；未以文件形式发布生效的，不得分；每缺一个部门、岗位的责任制，扣1分；责任制内容与岗位工作实际不相符的，每处扣1分；没有对安全生产责任制落实情况进行考核的，扣1分。			

续表

考评类目	考评项目	考评内容	标准分值	考评办法	自评/评审描述	空项	实际得分
2. 组织机构和职责	2.2 职责	企业主要负责人应按照安全生产法律法规赋予的职责，全面负责安全生产工作，并履行安全生产义务。	3	主要负责人的安全生产职责不明确的，不得分；未按规定履行职责的，不得分，并追加扣除10分。			
		各级人员应掌握本岗位的安全生产职责。	3	未掌握岗位安全生产职责的，每人扣1分。			
小计			**20**	**得分小计**			
3. 安全投入	3.1 安全生产费用	建立安全生产费用提取和使用管理制度。	3	无该项制度的，不得分；制度中职责、流程、范围、检查等内容，每缺一项扣1分。			
		保证安全生产费用投入，专款专用，并建立安全生产费用使用台账。	3	未保证安全生产费用投入的，不得分；财务报表中无安全生产费用归类统计管理的，扣2分；无安全费用使用台账的，不得分；台账不完整齐全的，扣1分。			
		制定并实施包含以下方面的安全生产费用的使用计划： 1. 完善、改造和维护安全健康防护设备设施。 2. 安全生产教育培训和配备个体防护装备。 3. 安全评价、职业危害评价、重大危险源监控、事故隐患排查和治理。 4. 职业危害防治，职业危害因素检测、监测和职业健康体检。 5. 设备设施安全性能检测检验。 6. 应急救援器材、装备的配备及应急救援演练。 7. 安全标志及标识和职业危害警示标识。 8. 其他与安全生产直接相关的物品或者活动。	8	无该使用计划的，不得分；计划内容缺失的，每缺一个方面扣1分；未按计划实施的，每一项扣1分；有超范围使用的，每次扣2分。			

续表

考评类目	考评项目	考评内容	标准分值	考评办法	自评/评审描述	空项	实际得分
3. 安全投入	3.2 相关保险	缴纳足额的保险费（工伤保险、安全生产责任险）。	3	未缴纳的，不得分；无缴费相关资料的，不得分。			
		保障受伤害员工享受工伤保险待遇。	3	有关保险评估、年费、赔偿等资料不全的，每一项扣1分；未进行伤残等级鉴定的，不得分；赔偿不到位的，本项目不得分。			
小计			**20**	**得分小计**			
4. 法律法规与安全管理制度	4.1 法律法规、标准规范	建立识别、获取、评审、更新安全生产法律法规、标准规范与其他要求的管理制度。	5	无该项制度的，不得分；缺少识别、获取、评审、更新等环节要求以及部门、人员职责等内容的，每缺少一项扣1分；未以文件形式发布生效的，扣2分。			
		各职能部门和基层单位应定期、及时识别和获取本部门适用的安全生产法律法规、标准规范与其他要求，向归口部门汇总，并发布清单。	5	未定期识别和获取的，不得分；不及时的，每次扣1分；每少一个部门和基层单位定期识别和获取的，扣1分；未及时汇总的，扣1分；无清单的，不得分；每缺一个安全生产法律法规、标准规范与其他要求文本或电子版的，扣1分。			
		及时将识别和获取的安全生产法律法规、标准规范与其他要求融入到企业安全生产管理制度中。	5	未及时融入的，每项扣2分；制度与安全生产法律法规与其他要求不符的，每项扣2分。			
		及时将适用的安全生产法律法规、标准规范与其他要求传达给从业人员，并进行相关培训和考核。	5	未传达的，不得分；未培训考核的，不得分；无培训考核记录的，不得分；缺少培训和考核的，每人次扣1分。			

续表

考评类目	考评项目	考评内容	标准分值	考评办法	自评/评审描述	空项	实际得分
4. 法律法规与安全管理制度	4.2 规章制度	按照相关规定建立和发布健全的安全生产规章制度，至少包含下列内容：安全生产责任制管理、法律法规和标准规范管理、安全投入管理、文件和档案管理、安全教育培训管理、特种作业人员管理、设备设施安全管理、建设项目安全设施“三同时”管理、生产设备设施验收管理、生产设备设施报废管理、施工和检维修安全管理、危险物品及重大危险源管理、作业安全管理、相关方及外用工（单位）管理、职业健康管理、个体防护装备管理、安全检查、隐患排查治理、消防安全管理、应急管理、事故管理、安全绩效评定管理等。	15	未以文件形式发布的，不得分；每缺一项制度，扣2分（其他考评内容中已有的不重复扣分）；制度内容不符合规定或与实际不符的，每项制度扣1分；无制度执行记录的，每项制度扣1分。			
		将安全生产规章制度发放到相关工作岗位，员工应掌握相关内容。	5	未发放的，扣2分；发放不到位的，每处扣1分；员工未掌握相关内容的，每人次扣1分。			
	4.3 操作规程	基于岗位风险辨识，编制完善、适用的岗位安全操作规程。	10	无岗位安全操作规程的，不得分；岗位操作规程不完善、不适用的，每缺一个扣2分；内容没有风险分析、评估和控制的，每个扣1分。			
		向员工下发岗位安全操作规程，员工应掌握相关内容。	5	未发放至岗位的，不得分；发放不到位的，每处扣1分；员工未掌握相关内容的，每人次扣1分。			
		员工操作要严格按照操作规程执行。	5	现场发现违反操作规程的，每人次扣1分。			

续表

考评类目	考评项目	考评内容	标准分值	考评办法	自评/评审描述	空项	实际得分
4. 法律法规与安全管理制度	4.4 评估	每年至少一次对安全生产法律法规、标准规范、规章制度、操作规程的执行情况和适用情况进行检查、评估。	10	未进行检查、评估的，不得分；无评估报告的，不得分；评估报告每缺少一个方面内容，扣1分；评估结果与实际不符的，扣2分。			
	4.5 修订	根据评估情况、安全检查反馈的问题、生产安全事故案例、绩效评定结果等，对安全生产管理规章制度和操作规程进行修订，确保其有效和适用。	10	应组织修订而未组织进行的，不得分；该修订而未修订的，每项扣1分；无记录资料的，扣5分。			
	4.6 文件和档案管理	建立文件和档案的管理制度，明确职责、流程、形式、权限及各类安全生产档案及保存要求等事项。	5	无该项制度的，不得分；未以文件形式发布的，不得分；未明确安全规章制度和操作规程编制、使用、评审、修订等责任部门/人员、流程、形式、权限等的，每处扣1分；未明确具体档案资料、保存周期、保存形式等的，每处扣1分。			
		确保安全规章制度和操作规程编制、使用、评审、修订的效力。	5	未按文件管理制度执行的，不得分；缺少环节记录资料的，每处扣1分。			
		对下列主要安全生产资料实行档案管理：主要安全生产文件、安全生产会议记录、隐患管理信息、培训记录、资格资质证书、检查和整改记录、职业健康管理记录、安全活动记录、法定检测记录、关键设备设施档案、相关方信息、应急演习信息、事故管理记录、标准化系统评价报告、维护和校验记录、技术图纸等。	10	未实行档案管理的，不得分；档案管理不规范的，扣2分；每缺少一类档案，扣1分。			
小计			**100**	**得分小计**			

续表

考评类目	考评项目	考评内容	标准分值	考评办法	自评/评审描述	空项	实际得分
5. 教育培训	5.1 教育培训管理	建立安全教育培训的管理制度。	5	无该项制度的，不得分；未以文件形式发布生效的，不得分；制度中每缺少一类培训规定的，扣1分；培训要求不符合《生产经营单位安全培训规定》（国家安全监管总局令第3号）和《特种作业人员安全技术培训考核管理规定》（国家安全监管总局令第30号）等有关规定的，每处扣1分。			
		确定安全教育培训主管部门，定期识别安全教育培训需求，制定各类人员的培训计划。	5	未明确主管部门的，不得分；未定期识别需求的，扣1分；识别不充分的，扣1分；无培训计划的，不得分；培训计划中每缺一类培训的，扣1分。			
		按计划进行安全教育培训，对安全培训效果进行评估和改进。做好培训记录，并建立档案。	20	未按计划进行培训的，每次扣2分；记录不完整的，每缺一项扣1分；未进行效果评估的，每次扣1分；未根据评估作出改进的，每次扣1分；未实行档案管理的，扣10分；档案资料不完整的，每个扣1分。			
	5.2 安全生产管理人员教育培训	主要负责人和安全生产管理人员，必须具备与本单位所从事的生产经营活动相应的安全生产知识和管理能力，须经考核合格后方可任职，并应按规定进行再培训。	10	主要负责人未经考核合格上岗的，不得分；主要负责人未按有关规定进行再培训的，扣2分；安全管理人员未经培训考核合格或未按有关规定进行再培训的，每人次扣2分。			

续表

考评类目	考评项目	考评内容	标准分值	考评办法	自评/评审描述	空项	实际得分
5. 教育培训	5.3 操作岗位人员教育培训	对操作岗位人员进行安全教育和生产技能培训和考核，考核不合格的人员，不得上岗。 对新员工进行“三级”安全教育。 在新工艺、新技术、新材料、新设备设施投入使用前，应对有关操作岗位人员进行专门的安全教育和培训。 操作岗位人员转岗、离岗六个月以上重新上岗者，应进行车间（工段）、班组安全教育培训，经考核合格后，方可上岗工作。	20	未经培训考核合格就上岗的，每人次扣 2 分；未进行“三级”安全教育的，每人次扣 2 分；在新工艺、新技术、新材料、新设备设施投入使用前，未对岗位操作人员进行专门的安全教育培训的，每人次扣 2 分；未按规定对转岗、离岗者进行培训考核合格就上岗的，每人次扣2分。			
	5.4 特种作业人员教育培训	从事特种作业的人员应取得特种作业操作资格证书，方可上岗作业。	15	无特种作业操作资格证书上岗作业的，每人次扣4 分；证书过期未及时审核的，每人次扣 2 分；缺少特种作业人员档案资料的，每人次扣1分；扣满 15 分的，追加扣除 10 分。			
	5.5 其他人员教育培训	企业应对相关方的作业人员进行安全教育培训。作业人员进入作业现场前，应由作业现场所在单位对其进行进入现场前的安全教育培训。 对外来参观、学习等人员进行有关安全规定、可能接触到的危害及应急知识等内容的安全教育和告知，并由专人带领。	15	未对相关方作业人员进行培训的，扣 10 分。相关方作业人员未经安全教育培训进入作业现场的，每人次扣2 分；对外来人员未进行安全教育和危害告知的，每人次扣2 分；内容与实际不符的，每处扣1 分；未按规定正确使用个体防护用品的，每人次扣1 分；无专人带领的，扣3 分。			
	5.6 安全文化建设	采取多种形式的活动来促进企业的安全文化建设，促进安全生产工作。	10	未开展企业安全文化建设的不得分，安全文化建设与《企业安全文化建设评价导则》（AQ/T9004）不符的，每项扣 1 分。			
小计			**100**	**得分小计**			

续表

考评类目	考评项目	考评内容	标准分值	考评办法	自评/评审描述	空项	实际得分
6. 生产设备设施	6.1 生产设备设施建设	企业新改扩工程应建立建设项目安全设施“三同时”管理制度。	5	无该项制度的，不得分；制度不符合有关规定的，每处扣1分。			
		新、改、扩建设项目应严格执行安全设施“三同时”制度，根据国家、地方及行业等规定执行建设项目安全预评价、安全专篇、安全验收评价和项目安全验收等审查、批复和备案等程序；按照《建设工程消防监督管理规定》（公安部令第106号）的要求，进行消防设计审核和消防验收。	15	未执行“三同时”要求的，不得分；未按照规定进行安全预评价、安全专篇审查、安全验收评价和项目安全验收程序的，一个项目扣3分；未按照《建设工程消防监督管理规定》进行消防设计审核和消防验收的，不得分。			
		厂址选择、厂区布置和主要车间的工艺布置、主要生产场所的火灾危险性分类及建构筑物防火最小安全间距、设备设施、变配电等电气设施、爆炸危险场所通风设施、防爆型电气设施设备、设施设备双重接地保护、防雷设施、集中监视和显示的防控中心、厂区和厂房照明、人员通行安全路线等应符合有关法律法规、标准规范的要求。	10	不符合规定的，每项扣2分；构成重大隐患的，不得分，并追加扣除20分。			
	6.2 设备设施运行管理	建立设备、设施的运行、检修、维护、保养的管理制度。	3	无该项制度的，不得分；缺少内容或操作性差的，扣1分。			
		建立设备设施运行台账，制定检维修计划。	3	无台账或检维修计划的，不得分；资料不齐全的，每次（项）扣1分。			

续表

考评类目	考评项目	考评内容	标准分值	考评办法	自评/评审描述	空项	实际得分
6. 生产设备设施	6.2 设备设施运行管理	按检维修计划定期对设备设施和安全设备设施进行检修。	6	未按计划检维修的，每项扣2分；未进行安全验收的，每项扣1分；检维修方案未包含作业危险分析和控制措施的，每项扣1分；未对检修人员进行安全教育和施工现场安全交底的，每次扣1分；失修每处扣1分；检修完毕未及时恢复安全装置的，每处扣1分；未经企业安全生产管理部门同意就拆除安全设备设施的，每处扣2分；检维修记录归档不规范、不及时的，每处扣1分；检修完毕后未按程序试车的，每项扣2分。			
		生产现场的机电、操控设备应有安全连锁、快停、急停等本质安全设计与装置。	3	不符合规定的，每处扣1分。			
		酒库： 1. 酒库的设计、建设应符合国家的相关标准和行业规范。 2. 酒库内应阴凉，并按照国家标准、行业标准配置消防设施、器材，设置消防安全标志，并定期检验、维修，确保完好有效。库内不准存放其他无关物品，特别是易燃易爆或可能会对库存物造成污染或毒害作用的物料。 3. 酒库内应设置易燃易爆气体监测装置，使用酒泵及其他电气设施应为防爆型。库内作业时，应避免产生火花，库房四壁应安装换气扇，库内温度或酒精浓度超过规定要求时，应及时启动换气扇。电器开关箱应设于库外，对库内设施、设备的维修须移至库外进行。	10	不符合规定的，每处扣1分。			

续表

考评类目	考评项目	考评内容	标准分值	考评办法	自评/评审描述	空项	实际得分
6. 生产设备设施	6.2 设备设施运行管理	储酒罐区： 1. 露天酒罐区的贮酒罐应采用金属材料制作，管路应用法兰连接，储酒罐顶部应设置呼吸阀，罐体上应安装液位显示装置。储酒罐间距应按规定满足安全距离要求。 2. 储酒罐区四周应砌筑围堰，并采取防溢流措施。围堰的高度应满足能容纳罐区内最大储罐的容量要求，同时设置排酒装置，以便溢流酒能及时排出。酒罐顶部应架设喷淋装置，在环境温度过高时对储酒容器进行降温。罐区应采取防雷措施。 3. 罐区内需动用明火维修的设施设备，应移出区外进行。必须在区内维修时，应办理动火审批手续，采取完善的防范措施，按规定进行易燃易爆气体检测，经确认无误后方可实施作业。工作结束后，彻底清理现场，消除安全隐患。 4. 需进入罐体内部作业时，应首先放空、清理储罐内残留物质，经检测空气指标达到要求后，方可实施作业，并派人监护。监护人员不得擅离职守，并保持与罐内操作人员的联系，所用照明器具应为防爆型，配用电源电压应为12V以下的安全电压。	10	不符合规定的，每处扣1分。			

续表

考评类目	考评项目	考评内容	标准分值	考评办法	自评/评审描述	空项	实际得分
6. 生产设备设施	6.2 设备设施运行管理	包装车间和成品库： 1. 包装车间必须远离锅炉房和原材料粉碎、制曲、贮曲等粉尘较多的场所，并满足防尘、防火、防爆要求，灌装车间应与洗瓶间、外包装间分开。 2. 成品库的容量应与生产能力相匹配，库内应阴凉、干燥，并有防火、灭火设施、设备，酒库、包装车间、成品库应使用防爆开关和灯具，并在开关和灯具上装有安全防护罩。 3. 堆垛应符合规定要求，按规定设置应急通道和应急出口，并保证畅通。 4. 生产车间、酒库应根据工艺技术要求，配备温度计、湿度计、糖度计、酒度计等，所有接触或可能接触白酒的设备、管道、工器具和容器等，应用无铅、无毒、无异味、耐腐蚀、易清洗、不与白酒起化学反应的材料制作。	10	不符合规定的，每处扣1分。			
		防火、防爆安全要求： 1. 易燃易爆场所应有必要的防火、防爆设施。 2. 爆炸危险场所（如酒库）的通风设施应处于良好运行状态，并定期检测。 3. 必须加强对防爆电气设备的管理，选用有资质的防爆检验单位检验合格的防爆电气产品，做好防爆电气设备的备品、备件准备工作，不					

续表

考评类目	考评项目	考评内容	标准分值	考评办法	自评/评审描述	空项	实际得分
6. 生产设备设施	6.2 设备设施运行管理	准随意降低防爆等级，对在用的防爆电气设备应定期进行检验，检验和检修防爆电气产品的单位必须经过资格认可。 4. 对于在爆炸危险场所使用的机动车辆应采取有效的防爆措施，作业人员使用的工具、防护用品应符合防爆要求。 在工艺装置上有可能引起火灾、爆炸的部位，应设置报警、安全联锁等装置，在白酒可能发生泄漏扩散的地方，应安装乙醇浓度监测报警装置。 5. 爆炸危险场所必须设置可靠的避雷设施，有静电积聚危险的生产装置应采用控制流速、导除静电接地、静电消除器、添加防静电剂等有效措施消除静电、防止静电积聚。 6. 粮食粉碎、制曲车间、酒库等爆炸危险场所严禁烟火，所用电气设备必须采用防爆形式。当粉尘爆炸危险场所存在静电点火危险时，所有金属设备、装置外壳、金属管道、支架、构件、部件等，应采用静电直接接地，不便或工艺不允许直接接地的，可通过导静电材料或制品间接接地。直接用于盛装粉末的器具、输送粉末的管道（带）等，应采用金属或防静电材料制成，所有金属管道连接处（如法兰），必须进行跨接，操作人员应采取防静电措施。禁止采用直接接地的金属导体或筛网与高速流动的粉末接触的方法消除静电。	10	不符合要求的，每处扣 1 分。			

续表

考评类目	考评项目	考评内容	标准分值	考评办法	自评/评审描述	空项	实际得分
6. 生产设备设施	6.2 设备设施运行管理	变配电系统： 1. 各高、低压供电系统图注明变配电站位置、架空线路和地下电缆走向、坐标、编号及型号、规格、长度、杆型和敷设方式等。 2. 应有配电室、变压器室、电容室、发电机室平面布置图；降压站、中央变电室、高压配电室及各分变电室和发电站的接地网络图。 3. 应有主要电气设备和安全防护用品的绝缘强度、继电保护、接地电阻、安全工具的试验报告和测试数据。 4. 位置不应在危险源的正上方或正下方，地势不应低洼，现场无漏雨、无积水。 5. 变配电间门向外开，高压间门应向低压间开，相邻配电间门应双向开。门应为非燃烧体或难燃烧体材料制作的实体门。 6. 门、窗、自然通风的孔洞都应采用金属网和建筑材料封闭，金属网孔应小于10mm×10mm。 7. 油浸式变压器应设有100%变压器油量的储油池或排油设施。 8. 加设遮栏、护板、箱闸，安全距离符合规定；遮拦高度不低于1.7m，固定式遮拦网孔不应大于40mm×40mm。 9. 高压配电室、电容器室、控制室应隔离，电缆通道用防火材料封堵。 10. 保存完整规定存档期限内的工作票、操作票。	8	不符合规定的，每处扣1分。			

续表

考评类目	考评项目	考评内容	标准分值	考评办法	自评/评审描述	空项	实际得分
6. 生产设备设施	6.2 设备设施运行管理	固定式低压电气线路： 1. 线路布线安装应符合电气线路安装规程。 2. 架空绝缘导线各种安全距离应符合要求。 3. 线路保护装置齐全可靠，装有能满足线路通、断能力的开关、短路保护、过负荷保护和接地故障保护等。 4. 线路穿墙、楼板或地埋敷设时，都应穿管或采取其他保护；穿金属管时管口应装绝缘护套；室外埋设，上面应有保护层；电缆沟应有防火、排水设施。 5. 地下线路应有清晰坐标或标志以及施工图。	8	不符合规定的，每处扣1分。			
		动力照明箱（柜、板）： 1. 触电危险性大或作业环境差的生产车间、锅炉房等场所，应采用与环境相适应的防尘、防水、防爆等动力照明箱、柜。 2. 符合电气设计安装规范要求，各类电气元件、仪表、开关和线路排列整齐，安装牢固，操作方便，内外无积尘、积水和杂物。 3. 各种电气元件及线路接触良好，连接可靠，无严重发热、烧损或裸露带电体现象。	8	不符合规定的，每处扣1分。			

续表

考评类目	考评项目	考评内容	标准分值	考评办法	自评/评审描述	空项	实际得分
6. 生产设备设施	6.2 设备设施运行管理	电气设备的金属外壳、底座、传动装置、金属电线管、配电盘以及配电装置的金属构件、遮栏和电缆线的金属外包皮等，均应采用保护接地或接零。接零系统应有重复接地，对电气设备安全要求较高的场所，应在零线或设备接零处采用网络埋设的重复接地。低压电气设备非带电的金属外壳和电动工具的接地电阻，不应大于4Ω。	8	不符合规定的，每处扣1分。			
		临时用电线路： 1. 有完备的临时电气线路审批制度和手续，其中应明确架设地点、用电容量、用电负责人、审批部门意见、准用日期等内容。 2. 临时电气线路审批期限：一般场所使用不超过15天；建筑、安装工程按计划施工周期确定。 3. 不得在易燃、易爆等危险作业场所架设临时电气线路。 4. 必须按照电气线路安装规程进行布线。 5. 必须装有总开关控制和剩余电流保护装置，每一个分路应装设与负荷匹配的熔断器。	8	不符合规定的，每处扣1分。			

续表

考评类目	考评项目	考评内容	标准分值	考评办法	自评/评审描述	空项	实际得分
6. 生产设备设施	6.2 设备设施运行管理	电焊机： 1. 电源线、焊接电缆与电焊机连接处的裸露接线板，应采取安全防护罩或防护板隔离，以防止人员或金属物体接触。 2. 电焊机外壳必须接地或接零保护，接地或接零装置连接良好，并定期检查。 3. 严禁使用易燃易爆气体管道作为接地装置。 4. 每半年应对电焊机绝缘电阻检测一次，且记录完整。 5. 电焊机一次侧电源线长度不超过5m，电源进线处必须设置防护罩。 6. 电焊机二次线应连接紧固，无松动，接头不超过3个，长度不超过30m。 7. 电焊钳夹紧力好，绝缘良好，手柄隔热层完整，电焊钳与导线连接可靠。 8. 严禁使用厂房金属结构、管道、轨道等作为焊接二次回路使用。 9. 在有接地或接零装置的焊件上进行弧焊操作，或焊接与地面密切连接的焊件时，应特别注意避免电焊机和工件的双重接地。 10. 电焊机应安放在通风、干燥、无碰撞、无剧烈震动、无高温、无易燃品存在的地方；在室外或特殊环境下使用，应采取防护措施保证其正常使用；使用场所应清洁，无严重粉尘。	4	不符合规定的，每处扣1分。			

续表

考评类目	考评项目	考评内容	标准分值	考评办法	自评/评审描述	空项	实际得分
6. 生产设备设施	6.2 设备设施运行管理	手持电动工具： 1. 手持电动工具根据使用的环境不同选择相应的绝缘等级。 2. 手持电动工具至少每3个月进行一次绝缘电阻检测，且记录完整有效。 3. 手持电动工具的防护罩、盖板及手柄应完好，无破损，无变形，不松动。 4. 电源线中间不允许有接头和破损。 5. 不得跨越通道使用。	4	不符合规定的，每处扣1分。			
		管线： 1. 应有全厂管网平面布置图，标记完整，位置准确，管网设计、安装、验收技术资料齐全。 2. 不同介质的管线，应按照《工业管道的基本识别色、识别符号和安全标识》（GB7231）的规定涂上不同的颜色，并注明介质名称和流向。 3. 埋地管道敷层完整无破损，架空管道支架牢固合理，无严重腐蚀、无泄漏，设置限高警示，有隔热措施。	4	不符合规定的，每处扣1分。			
		作业场所应划出人员行走的安全路线，其宽度一般不小于1.5m。 下列工作场所应设置应急照明：主要通道及主要出入口、通道楼梯、变配电室、中控室。	4	不符合规定的，每处扣1分。			

续表

考评类目	考评项目	考评内容	标准分值	考评办法	自评/评审描述	空项	实际得分
6. 生产设备设施	6.2 设备设施运行管理	设备裸露的转动或快速移动部分，应设有结构可靠的安全防护罩、防护栏杆或防护挡板。	4	不符合规定的，每处扣1分。			
	6.3 特种设备管理	建立特种设备（锅炉、压力容器、压力管道、电梯、起重机械、场或厂内专用机动车辆、安全附件及安全保护装置等）的管理制度。	5	无该项制度的，不得分；制度与有关规定不符的，每处扣1分。			
		按规定登记、建档、使用、维护保养和每月自检，按期由特种设备检验检测机构定期检验。	10	未进行检验的，不得分；档案资料不全的（含生产、安装、验收、登记、使用、维护等），每台套扣1分；使用无资质厂家生产的，每台套扣2分；未经检验合格或检验不合格就使用的，每台套扣2分；检验周期超过规定时间的，每台套扣2分。本考评内容已经扣分的，后面4个考评内容中相同情况不再重复扣分。			
		压力容器等设备（包括空气压缩机、气泵、储气罐等）： 1. 应有《压力容器使用登记证》、注册证件、质量证明书、出厂合格证、年检报告等。 2. 本体、接口、焊接接头等部位无裂纹、变形、过热、泄漏、腐蚀现象等缺陷。 3. 相邻管件或构件无异常振动、响声或相互摩擦等现象。	7	不符合规定的，每处扣1分。			

续表

考评类目	考评项目	考评内容	标准分值	考评办法	自评/评审描述	空项	实际得分
		4. 压力表指示灵敏，刻度清晰，安全阀每年检验一次，记录齐全，且铅封完整，在检验周期内使用。 5. 生产过程中使用的压缩空气、循环水、润滑油等管路，应安装压力表，储气罐应安装安全阀，各种阀门应采用不同颜色和不同几何形状的标志，还应有表明开、闭状态的标志。					
6. 生产设备设施	6.3 特种设备管理	工业气瓶： 1. 对购入气瓶入库和发放实行登记制度，登记内容包括气瓶类型、编号、检验周期、外观检查、入出库日期、领用单位、管理责任人。 2. 在检验周期内使用。 常用气瓶的检验周期为：一般气瓶（氧气、乙炔）每3年检验一次。惰性气体（氮气）每5年检验一次。超过30年的应按报废处理。 3. 外观无机械性损伤及严重腐蚀，表面漆色、字样和色环标记正确、明显；瓶阀、瓶帽、防震圈等安全附件齐全、完好。 4. 气瓶立放时应有可靠的防倾倒装置或措施；瓶内气体不得用尽，按规定留有剩余重量。 5. 氧气瓶、乙炔气瓶应分库存放，并存放在气瓶专用库中，库房应符合建筑防火规范。	7	不符合规定的，每处扣1分。			

续表

考评类目	考评项目	考评内容	标准分值	考评办法	自评/评审描述	空项	实际得分
6. 生产设备设施	6.3　特种设备管理	6. 同一作业点气瓶放置不超过 5 瓶；若超过 5 瓶，但不超过 20 瓶应有防火防爆措施；超过 20 瓶以上，应设置二级瓶库。 7. 气瓶不得靠近热源，可燃、助燃气瓶与明火距离应大于 10m。 8. 不得有地沟、暗道，严禁明火和其他热源，有防止阳光直射措施，通风良好，保持干燥。 9. 空、实瓶应分开放置，保持 1.5m 以上距离，且有明显标记；存放整齐，瓶帽齐全。立放时妥善固定，卧放时头朝一个方向，库内应设置足量消防器材。					
		起重机械设备（吊机、吊车、吊具等）： 1. 吊车应设有下列安全装置并正常使用： （1）吊车之间防碰撞装置。 （2）大、小行车端头缓冲以及防冲撞装置。 （3）过载保护装置。 （4）主、副卷扬限位、报警装置。 （5）登吊车信号装置及门联锁装置。 （6）露天作业的防风装置。 （7）电动警报器或大型电铃以及警报指示灯。 2. 吊车应装有能从地面辨别额定荷重的标识，不应超负荷作业。					

续表

考评类目	考评项目	考评内容	标准分值	考评办法	自评/评审描述	空项	实际得分
6. 生产设备设施	6.3 特种设备管理	3. 吊运物行走的安全路线，不应跨越有人操作的固定岗位或经常有人停留的场所，且不应随意越过主体设备。 4. 与机动车辆通道相交的轨道区域，应有必要的安全措施。 5. 起重机械的定期检验周期为一年，应在检验周期内使用，合格的检验报告，要长期完整保存。 6. 应有吊索具管理制度，车间有吊索具管理办法，明确规定集中存放地点，存放点有选用规格与对应载荷的标牌，有专人管理和保养。 7. 普通麻绳和白棕绳只能用于轻质物件捆绑和吊运，有断股、割伤、磨损严重的应报废。 8. 钢丝绳编接长度应大于15倍绳直径，且不小于300mm，卡接绳卡间距离应不小于6倍绳直径，压板应在主绳侧。 9. 链条有裂纹、塑性变形、伸长达原长度的5%或下链环直径磨损达原直径的10%时应报废。 10. 报废吊索具不得在现场存放或使用。	7	不符合规定的，每处扣1分。			

续表

考评类目	考评项目	考评内容	标准分值	考评办法	自评/评审描述	空项	实际得分
6. 生产设备设施	6.3 特种设备管理	场（厂）内专用机动车辆： 1. 安装厂内机动车辆牌照并粘贴安全检验合格标志。 2. 技术资料和档案、台账齐全，无遗漏。 3. 进行日常检查、保养和维护，保证正常的安全状态。 4. 每年检验一次，检验数据齐全有效。	4	不符合要求的，每处扣1分。			
	6.4 新设备设施验收及旧设备设施拆除、报废	建立新设备设施验收和旧设备设施拆除、报废的管理制度。	5	无该项制度的，不得分；缺少内容或操作性差的，扣1分。			
		按规定对新设备设施进行验收，确保使用质量合格、设计符合要求的设备设施。	5	未进行验收的（含其安全设备设施），每项扣1分；使用不符合要求的，每项扣1分。			
		按规定对不符合要求的设备设施进行报废或拆除。	5	未按规定进行报废或拆除的，不得分；涉及危险物品的生产设备设施的拆除，无危险物品处置方案的，不得分；未执行作业许可的，扣1分；未进行作业前的安全、技术交底的，扣1分；资料保存不完整的，每项扣1分。			
小计			**200**	**得分小计**			

续表

考评类目	考评项目	考评内容	标准分值	考评办法	自评/评审描述	空项	实际得分
7. 作业安全	7.1 生产现场管理和生产过程控制	建立至少包括下列危险作业的作业安全管理制度，明确责任部门、人员、许可范围、审批程序、许可签发人员等： 1. 危险区域动火作业。 2. 进入受限空间作业。 3. 高处作业。 4. 大型吊装作业。 5. 临时用电作业。 6. 其他危险作业。	20	没有制度的，不得分；缺少一项危险作业规定的，扣5分；内容不全或操作性差的，每处扣2分。			
		应对生产现场和生产过程、环境存在的事故隐患进行排查、评估分级，并制定相应的控制措施。	20	未进行隐患排查、评估分级的，不得分；无记录、档案的，不得分；所涉及的范围未全部涵盖的，每少一处扣1分；排查、评估分级不符合规定的，每处扣1分；缺少控制措施或针对性不强的，每处扣1分；现场岗位人员不清楚岗位有关隐患及其控制措施的，每人次扣1分。			
		应禁止与生产无关人员进入生产操作现场。	5	有与生产无关人员进入生产操作现场的，不得分；			
		进入有限空间作业安全要求： 1. 执行作业许可审批制度。 2. 应采取可靠的置换或通风措施。 3. 按规定进行气体检测，合格后方可进入。 4. 有专人监护。 5. 采取便于有限空间内外人员联系的措施。	10	有一项不符合要求的，不得分。			

续表

考评类目	考评项目	考评内容	标准分值	考评办法	自评/评审描述	空项	实际得分
7. 作业安全	7.1 生产现场管理和生产过程控制	缺氧作业场所安全要求： 1. 在已确定为缺氧环境的作业场所（如贮藏室、酒糟池、发酵池、污水池等）作业，必须采取充分可靠的通风换气措施，使该环境空气中的浓度在作业过程中始终保持在标准规定的允许值以上，严禁使用纯氧作为气源进行通风换气。 2. 对由于防爆、防氧化等原因不能采取通风换气措施或受作业环境限制不能进行可靠通风换气的场所，作业人员必须配备并使用空气呼吸器或软管面具等隔离式呼吸器具，严禁使用过滤式面具。 3. 当存在因缺氧而坠落的危险时，作业人员必须使用安全带，并在适当位置安装可靠的安全绳网，在每次作业前，必须仔细检查呼吸器具和安全带，发现异常应立即修补或更换。 4. 在存在缺氧危险的环境作业时，必须安排监护人员，密切监视作业状况，发现异常情况，应及时采取有效措施。在作业人员进入缺氧环境作业前和离开时应准确清点人数。 5. 当发现缺氧危险时，必须立即停止作业，让作业人员迅速离开作业现场。 6. 在存在缺氧危险的作业场所，必须配备抢救器具，如呼吸器、梯子、绳缆以及其他必要的器具和设备，以便能在非常情况下及时、可靠地抢救受害作业人员。	10	未按要求做到的，每处扣 2 分。			

续表

考评类目	考评项目	考评内容	标准分值	考评办法	自评/评审描述	空项	实际得分
7. 作业安全	7.1 生产现场管理和生产过程控制	7. 当作业人员在特殊场所（如密闭设备等）内部作业时，如供作业人员出入的门或盖不能很容易地从内部打开而又无通讯、报警装置时，严禁关闭出入口的门或盖，如设备与正在抽气或已经处于负压状态的管路相通时，严禁关闭出入口的门或盖。					
		危险化学品使用安全要求： 1. 企业应建立危险化学品安全管理制度。 2. 储存、使用危险化学品应符合国家或行业有关法规、标准要求。 3. 企业使用的清洗剂、消毒剂、杀虫剂以及其他有毒有害化学品必须粘贴安全标签，在盛装、输送、贮存危险化学品的设备附近，采用颜色、标牌、标签等形式标明其危险性。 4. 企业使用的化学品必须按规定储存，设置明显标志，由专人负责保管。危险化学品专用仓库或专用储存室的储存设备和安全设施应定期进行检测。 5. 应按相关要求在储存和使用危险化学品的场所设置应急救援器材、通讯报警装置，并保证处于完好状态。	10	未建立制度的，不得分；未按要求做到的，每处扣1分。			

续表

考评类目	考评项目	考评内容	标准分值	考评办法	自评/评审描述	空项	实际得分
7. 作业安全	7.1 生产现场管理和生产过程控制	生产过程控制： 1. 企业应建立交接班制度并做好交接班记录。发现潜在的或已发生的危及作业人员安全的状况，在交接班时应交代清楚，并做好记录。 2. 在作业现场配备相应的安全防护用品（具）及消防设施与器材，进入作业现场前，应按规定使用个体防护装备。 作业前应先检查作业场所和设备、设施的安全状况，发现异常及时处理。 3. 作业活动的负责人应严格按照作业文件的规定组织和指挥生产作业活动，作业人员应严格执行安全操作规程，不违章作业，作业人员在进行危险作业时，应持相应的作业许可证作业。 4. 生产作业必须严格执行安全防护措施。作业活动监护人员应具备基本救护技能和作业现场的应急处理能力，作业过程中不得擅离职守。 5. 作业活动至少包括： （1）原料粉碎作业。 （2）酿造作业。 （3）制曲作业。 （4）检验作业。 （5）灌装作业。 （6）包装作业。 （7）运输作业。 （8）仓储作业。	20	未按要求做到的，每处扣1分。			

续表

考评类目	考评项目	考评内容	标准分值	考评办法	自评/评审描述	空项	实际得分
7. 作业安全	7.2 作业行为管理	对生产作业过程中人的不安全行为进行辨识，并制定相应的控制措施。需要规范的作业行为主要包括： 1. 遵守劳动纪律。 2. 设备开机前按规定进行检查，确认无误后方可操作。 3. 运转中的设备禁止进行擦洗、清扫、拆卸和维护维修等可能直接接触运转部位的操作。 4. 工作过程中，如有故障，停机通知修理，待故障排除后再恢复工作状态。 5. 作业完成时按规定进行停机操作，关闭电源，清理岗位作业环境。	20	辨识不全的，每缺一个扣1分；缺少控制措施或针对性不强的，每个扣1分；作业人员不清楚风险及控制措施的，每人次扣1分。			
		落实危险作业管理制度，执行工作票制度。	10	未执行的，不得分；工作票中危险分析和控制措施不全的，每个工作票扣1分；授权程序不清或签字不全的，每个扣2分；工作票未有效保存的，扣2分。			
		电气、高速运转机械等设备，应实行操作牌制度。	5	未执行的，不得分；未挂操作牌就作业的，每处扣1分；操作牌污损的，每个扣1分。			
		按规定为从业人员配备与工作岗位相适应的个体防护装备，并监督、教育从业人员按照使用规则佩戴、使用。	10	无配备标准的，不得分；配备标准不符合有关规定的，每项扣1分；未及时发放的，不得分；购买、使用不合格个体防护装备的，不得分；员工未正确佩戴和使用的，每人次扣1分。			

续表

考评类目	考评项目	考评内容	标准分值	考评办法	自评/评审描述	空项	实际得分
7. 作业安全	7.3 警示标志和安全防护	建立警示标志和安全防护的管理制度。	5	无该项制度的，不得分。			
		在存在较大危险因素的作业场所或有关设备上，按照 GB2894 及企业内部规定，设置安全警示标志。	5	不符合规定的，每处扣 1 分；累计扣满 5 分的，追加扣除 10 分。			
		在检维修、施工、吊装等作业现场设置警戒区域，以及厂区内的坑、沟、池、井、陡坡等设置安全盖板或护栏等。	5	不符合要求的，每处扣 1 分。			
	7.4 相关方管理	建立有关承包商、供应商等相关方的管理制度。	5	无该项制度的，不得分；未明确双方权责或不符合有关规定的，不得分。			
		对承包商、供应商等相关方的资格预审、选择、服务前准备、作业过程监督、提供的产品、技术服务、表现评估、续用等进行管理，建立相关方的名录和档案。	5	未建立名录和档案的，不得分；未将安全绩效与续用挂钩的，不得分；名录或档案资料不全的，每一个扣 1 分。			
		不应将工程项目发包给不具备相应资质的单位。与承包、承租单位签订安全生产管理协议，并在协议中明确各方对事故隐患排查、治理和防控的管理职责。	10	发包给无相应资质的相关方的，除不得分外，追加扣除 10 分；未签订协议的，不得分；协议中职责不明确的，每项扣 1 分。			
		根据相关方提供的服务作业性质和行为定期识别服务行为风险，采取行之有效的风险控制措施，并对其安全绩效进行监测。 企业应统一协调管理同一作业区域内的多个相关方的交叉作业。	10	以包代管的，不得分；相关方在企业场所内发生工亡事故的，除不得分外，追加扣除 5 分；未定期进行风险评估的，每一次扣 1 分；风险控制措施缺乏针对性、操作性的，每一个扣 1 分；未对其进行安全绩效监测的，每次扣 1 分；企业未进行有效统一协调管理交叉作业的，扣 3 分。			

续表

考评类目	考评项目	考评内容	标准分值	考评办法	自评/评审描述	空项	实际得分
7. 作业安全	7.5 变更	建立有关人员、机构、工艺、技术、设施、作业过程及环境变更的管理制度。	5	无该项制度的，不得分；制度与实际不符的，扣1分。			
		对变更的设施进行审批和验收管理，并对变更过程及变更后所产生的隐患进行排查、评估和控制。	10	无审批和验收报告的，不得分；未对变更导致新的风险或隐患进行辨识、评估和控制的，每项扣1分。			
小计			**200**	**得分小计**			
8. 隐患排查和治理	8.1 隐患排查	建立隐患排查治理的管理制度，明确部门、人员的责任。	5	无该项制度的，不得分；制度与有关规定不符的，扣1分。			
		制定隐患排查工作方案，明确排查的目的、范围、方法和要求等。	5	无该方案的，不得分；方案依据缺少或不正确的，每项扣1分；方案内容缺项的，每项扣1分。			
		按照方案进行隐患排查工作。	10	未按方案排查的，不得分；有未排查出来的隐患的，每处扣1分；排查人员不能胜任的，每人次扣2分；未进行汇总总结的，扣2分。			
		对隐患进行分析评估，确定隐患等级，登记建档。	10	无隐患汇总登记台账的，不得分；无隐患评估分级的，不得分；隐患登记档案资料不全的，每处扣1分。			
	8.2 排查范围与方法	隐患排查的范围应包括所有与生产经营相关的场所、环境、人员、设备设施和活动。	5	范围每缺少一类，扣2分。			

续表

考评类目	考评项目	考评内容	标准分值	考评办法	自评/评审描述	空项	实际得分
8. 隐患排查和治理	8.2 排查范围与方法	采用综合检查、专业检查、季节性检查、节假日检查、日常检查和其他方式进行隐患排查。	20	各类检查缺少一次，扣2分；未制定检查表的，扣10分；检查表制定和使用不全的，每个扣2分；检查表针对性不强的，每一个扣1分；检查表无人签字或签字不全的，每次扣1分；扣满20分的，追加扣除20分。			
	8.3 隐患治理	根据隐患排查的结果，及时进行整改。不能立即整改的，制定隐患治理方案，内容应包括目标和任务、方法和措施、经费和物资、机构和人员、时限和要求。 重大事故隐患在治理前应采取临时控制措施，并制定应急预案。隐患治理措施应包括工程技术措施、管理措施、教育措施、防护措施、应急措施等。	20	整改不及时的，每处扣2分；需制定方案而未制定的，扣10分；方案内容不全的，每缺一项扣1分；每项隐患整改措施针对性不强的，扣1分；重大事故隐患未采取临时措施和制定应急预案的，扣10分。			
		在隐患治理完成后对治理情况进行验证和效果评估。	10	未进行验证或效果评估的，每项扣1分。			
		按规定对隐患排查和治理情况进行统计分析，并向安全监管部门和有关部门报送书面统计分析表。	5	无统计分析表的，不得分；未及时报送的，不得分。			
	8.4 预测预警	企业应根据生产经营状况及隐患排查治理情况，采用技术手段、仪器仪表及管理方法等，建立安全预警指数系统，每月进行一次安全生产风险分析。	10	无安全预警指数系统的，不得分；未对相关数据进行分析、测算，实现对安全生产状况及发展趋势进行预报的，扣2分；未将隐患排查治理情况纳入安全预警系统的，扣1分；未对预警系统所反映的问题，及时采取针对性措施的，扣1分；未每月进行风险分析的，扣1分。			
小计			**100**	**得分小计**			

续表

考评类目	考评项目	考评内容	标准分值	考评办法	自评/评审描述	空项	实际得分
9. 重大危险源监控	9.1 辨识与评估	建立重大危险源的管理制度，明确辨识与评估的职责、方法、范围、流程、控制原则、回顾、持续改进等。	5	无该项制度的，不得分；制度中每缺少一项内容要求的，扣1分。			
		按规定对本单位的生产设施或场所进行重大危险源辨识、评估，确定重大危险源。	10	未进行辨识和评估的，不得分；未按规定进行的，不得分；未明确重大危险源的，不得分。			
	9.2 登记建档与备案	对确认的重大危险源及时登记建档。	5	无档案资料的，不得分；档案资料不全的，每处扣1分。			
		按照相关规定，将重大危险源向安监部门和相关部门备案。	5	未备案的，不得分；备案资料不全的，每个扣1分。			
	9.3 监控与管理	对重大危险源采取措施进行监控，包括技术措施（设计、建设、运行、维护、检查、检验等）和组织措施（职责明确、人员培训、防护器具配置、作业要求等）。	10	未监控的，不得分；有重大隐患或带病运行，严重危及安全生产的，除本分值扣完后外，追加扣除15分；监控技术措施和组织措施不全的，每项扣1分。			
		在重大危险源现场设置明显的安全警示标志和危险源点警示牌（内容包含名称、地点、责任人员、事故模式、控制措施等）。	3	无安全警示标志的，每处扣1分；内容不全的，每处扣1分；警示标志污损或不明显的，每处扣1分。			
		相关人员应按规定对重大危险源进行检查，并做好记录。	2	未按规定进行检查的，不得分；检查未签字的，每次扣1分；检查结果与实际状态不符的，每处扣1分。			
小计			**40**	**得分小计**			

续表

考评类目	考评项目	考评内容	标准分值	考评办法	自评/评审描述	空项	实际得分
10. 职业健康	10.1 职业健康管理	建立职业健康的管理制度。	5	无制度的，不得分；制度与有关规定不一致的，每处扣1分。			
		按有关要求，为员工提供符合职业健康要求的工作环境和条件。	5	有一处不符合要求的，扣1分；一年内有新增职业病患者的，不得分，并追加扣除20分。			
		建立健全职业健康档案和员工健康监护档案。	5	未进行员工健康检查的，不得分；未进行入厂和离职健康检查的，不得分；健康检查每少一人次，扣1分；无档案的，不得分；每缺少一人档案扣1分；档案内容不全的，每缺一项资料，扣1分。			
		定期对职业危害场所进行检测，并将检测结果公布、存入档案。	5	未定期检测的，不得分；检测的周期、地点、有毒有害因素等不符合要求的，每项扣1分；结果未公开公布的，不得分；结果未存档的，一次扣1分。			
		存在粉尘（如原料粉碎等）、有害物质、噪声、高温等职业危害因素的场所和岗位应按规定进行专门管理和控制。	10	未确定有关场所和岗位的，不得分；未进行专门管理和控制的，不得分；管理和控制不到位的，每一处扣2分。			
		对可能发生急性职业危害的有毒、有害工作场所，应当设置报警装置，制定应急预案，配置现场急救用品和必要的泄险区。	5	未确定场所的，不得分；无报警装置的，不得分；缺少报警装置或不能正常工作的，每处扣1分；无应急预案的，不得分；无急救用品、冲洗设备、应急撤离通道和必要泄险区的，不得分。			

续表

考评类目	考评项目	考评内容	标准分值	考评办法	自评/评审描述	空项	实际得分
10. 职业健康	10.1 职业健康管理	指定专人负责保管、定期校验和维护各种防护用具，确保其处于正常状态。	5	未指定专人保管或未全部定期校验维护的，不得分；未定期校验和维护的，每次扣1分；校验和维护记录未存档保存的，不得分。			
		指定专人负责职业健康的日常监测及维护监测系统处于正常运行状态。	5	未指定专人负责的，不得分；人员不能胜任的（含无资格证书或未经专业培训的），不得分；日常监测每缺少一次，扣1分；监测装置不能正常运行的，每处扣1分。			
		对职业病患者按规定给予及时的治疗、疗养。对患有职业禁忌症的，应及时调整到合适岗位。	5	未及时给予治疗、疗养的，不得分；治疗、疗养每少一人的，扣1分；没有及时调换职业禁忌症人员岗位的，每人次扣1分。			
	10.2 职业危害告知和警示	与从业人员订立劳动合同（含聘用合同）时，应将工作过程中可能产生的职业危害及其后果、职业危害防护措施和待遇等如实以书面形式告知从业人员，并在劳动合同中写明。	5	未书面告知的，不得分；告知内容不全的，每缺一项内容，扣1分；未在劳动合同中写明的（含未签合同的），不得分；劳动合同中写明内容不全的，每缺一项内容，扣1分。			
		对员工及相关方宣传和培训生产过程中的职业危害、预防和应急处理措施。	5	未宣传和培训或无记录的，不得分；培训无针对性或缺失内容的，每次扣1分；员工及相关方不清楚的，每人次扣1分。			
		对存在严重职业危害的作业岗位，按照《工作场所职业病危害警示标识》（GBZ158）的要求，在醒目位置设置警示标志和警示说明。	5	未设置标志和说明的，不得分；缺少标志和说明的，每处扣1分；标志和说明内容（含职业危害的种类、后果、预防以及应急救治措施等）不全的，每处扣1分。			

续表

考评类目	考评项目	考评内容	标准分值	考评办法	自评/评审描述	空项	实际得分
10. 职业健康	10.3 职业危害申报	按规定及时、如实地向当地主管部门申报生产过程存在的职业危害因素。	10	未申报的，不得分；申报内容不全的，每缺少一类扣2分。			
		下列事项发生重大变化时，应向原申报主管部门申请变更： （1）新、改、扩建项目。 （2）因技术、工艺或材料等发生变化导致原申报的职业危害因素及其相关内容发生重大变化。 （3）企业名称、法定代表人或主要负责人发生变化。	5	未申请变更的，不得分；每缺少一类变更申请的，扣2分。			
小计			**80**	**得分小计**			
11. 应急救援	11.1 应急机构和队伍	建立事故应急救援制度。	5	无该项制度的，不得分；制度内容不全或针对性不强的，扣1分。			
		按相关规定建立安全生产应急管理机构或指定专人负责安全生产应急管理工作。	2	没有建立机构或专人负责的，不得分；机构或负责人员发生变化未及时调整的，每次扣1分。			
		建立与本单位安全生产特点相适应的专兼职应急救援队伍或指定专兼职应急救援人员。	3	未建立队伍或指定专兼职人员的，不得分；队伍或人员不能满足应急救援工作要求的，不得分。			
		定期组织专兼职应急救援队伍和人员进行训练。	5	无训练计划和记录的，不得分；未定期训练的，不得分；未按计划训练的，每次扣1分；训练科目不全的，每项扣1分；救援人员不清楚职能或不熟悉救援装备使用的，每人次扣1分。			

续表

考评类目	考评项目	考评内容	标准分值	考评办法	自评/评审描述	空项	实际得分
11. 应急救援	11.2 应急预案	按规定制定安全生产事故应急预案，重点作业岗位有应急处置方案或措施。	10	无应急预案的，不得分；应急预案的格式和内容不符合有关规定的，不得分；无重点作业岗位应急处置方案或措施的，不得分；未在重点作业岗位公布应急处置方案或措施的，每处扣1分；有关人员不熟悉应急预案和应急处置方案或措施的，每人次扣1分。			
		根据有关规定将应急预案报当地主管部门备案，并通报有关应急协作单位。	5	未进行备案的，不得分；未通报有关应急协作单位的，每个扣1分。			
		定期评审应急预案，并进行修订和完善。	5	未定期评审或无相关记录的，不得分；未及时修订的，不得分；未根据评审结果或实际情况的变化修订的，每缺一项，扣1分；修订后未正式发布或培训的，扣1分。			
	11.3 应急设施、装备、物资	按应急预案的要求，建立应急设施，配备应急装备，储备应急物资。	5	每缺少一类，扣1分。			
		对应急设施、装备和物资进行经常性的检查、维护、保养，确保其完好可靠。	5	无检查、维护、保养记录的，不得分；每缺少一项记录的，扣1分；有一处不完好、可靠的，扣1分。			
	11.4 应急演练	按规定组织安全生产事故应急演练。	10	未进行演练的，不得分；无应急演练方案和记录的，不得分；演练方案简单或缺乏执行性的，扣1分；高层管理人员未参加演练的，每次扣1分。			

续表

考评类目	考评项目	考评内容	标准分值	考评办法	自评/评审描述	空项	实际得分
11. 应急救援	11.4 应急演练	对应急演练的效果进行评估。	5	无评估报告的，不得分；评估报告未认真总结问题或未提出改进措施的，扣1分；未根据评估的意见修订预案或应急处置措施的，扣1分。			
	11.5 事故救援	发生事故后，应立即启动相关应急预案，积极开展事故救援。 应急结束后应分析总结应急救援经验教训，提出改进应急救援工作的建议，编制应急救援报告。	10	未及时启动的，不得分；未达到预案要求的，每项扣1分；未全面总结分析应急救援工作的，每缺一项，扣1分；无应急救援报告的，扣5分。			
小计			**70**	**得分小计**			
12. 事故报告、调查和处理	12.1 事故报告	按规定及时向上级单位和有关政府部门报告，并保护事故现场及有关证据。	5	未及时报告的，不得分；未有效保护现场及有关证据的，不得分；有瞒报、谎报、破坏现场的任何行为，不得分，并追加扣除20分。			
	12.2 事故调查和处理	按照相关法律法规、管理制度的要求，组织事故调查组或配合政府和有关部门对事故、事件进行调查、处理。	10	无调查报告的，不得分；调查报告内容不全的，每处扣2分；相关的文件资料未整理归档的，每次扣2分；处理措施未落实的，扣5分。			
		定期对事故、事件进行统计、分析。	3	未统计分析的，不得分；统计分析不完整的，扣1分。			
	12.3 事故案例教育	对员工进行有关事故案例的教育。	2	未进行教育的，不得分；有关人员对原因和防范措施不清楚的，每人次扣1分。			
小计			**20**	**得分小计**			

续表

考评类目	考评项目	考评内容	标准分值	考评办法	自评/评审描述	空项	实际得分
13. 绩效评定和持续改进	13.1 绩效评定	企业应每年至少一次对本单位安全生产标准化的实施情况进行评定，验证各项安全生产制度措施的适宜性、充分性和有效性，检查安全生产工作目标、指标的完成情况。	10	未进行评定的，不得分；少于每年一次的，扣5分；评定中缺少类目、项目和内容或其支撑性材料不全的，每个扣2分；未对前次评定中提出的纠正措施的落实效果进行评价的，扣2分。			
		主要负责人应对绩效评定工作全面负责。评定工作应形成正式文件，并将结果向所有部门、所属单位和从业人员通报，作为年度考评的重要依据。	10	主要负责人未组织和参与的，不得分；评定未形成正式文件的，扣5分；结果未通报的，扣5分；未纳入年度考评的，不得分。			
		发生死亡事故后应重新进行评定。	10	未重新评定的，不得分。			
	13.2 持续改进	企业应根据安全生产标准化的评定结果和安全生产预警指数系统所反映的趋势，对安全生产目标、指标、规章制度、操作规程等进行修改完善，持续改进，不断提高安全绩效。	10	未进行安全标准化系统持续改进的，不得分；未制定完善安全标准化工作计划和措施的，扣5分；修订完善的记录与安全生产标准化系统评定结果不一致的，每处扣1分。			
小计			**40**	**得分小计**			
总计			1000	得分总计			

参考文献

[1] 吴菊珍．环境保护概论．北京：科学出版社，2011.

[2] 王友保．环境保护和资源利用．合肥：安徽师范大学出版社，2010.

[3] 马越，张晓辉．环境保护概论．北京：中国轻工业出版社，2011.

[4] 张颖，王晓辉．农业固体废弃物资源化利用．北京：化学工业出版社，2006.

[5] 周海燕，钱春军，张美兰．生活垃圾集运及设备维修 300 问．北京：化学工业出版社，2013.

[6] 史君洁，史力．垃圾污泥无害化低价高效利用．北京：化学工业出版社，2013.

[7] 刘明华，林春香．再生资源导论．北京：化学工业出版社，2013.